U0323043

普通高等教育"十三五"规划教材

能源与动力工程
专业课程实验指导书

主　编　金秀慧　孙如军
副主编　门立山　胡晓花　卫江红　王锐

北　京
冶金工业出版社
2017

内 容 简 介

本书内容涵盖了能源与动力工程专业所有课程的实验，涉及学科基础平台课程和专业基础平台课程。主要内容有材料力学实验、电工技术实验、电子技术实验、机械工程材料实验、互换性与测量技术实验、机械工程测试技术基础实验、机械设计基础实验、工程流体力学实验、工程热力学实验、传热学实验。

本书可作为高等院校能源与动力工程专业的实验教学用书，也可供相关工程技术人员和研究人员参考。

图书在版编目（CIP）数据

能源与动力工程专业课程实验指导书/金秀慧，孙如军
主编. —北京：冶金工业出版社，2017.9
普通高等教育"十三五"规划教材
ISBN 978-7-5024-7599-4

Ⅰ.①能… Ⅱ.①金… ②孙… Ⅲ.①能源—实验—
高等学校—教材 ②动力工程—实验—高等学校—教材
Ⅳ.①TK-33

中国版本图书馆 CIP 数据核字（2017）第 233097 号

出 版 人 谭学余
地　　址　北京市东城区嵩祝院北巷 39 号　邮编　100009　电话　（010）64027926
网　　址　www.cnmip.com.cn　电子信箱　yjcbs@cnmip.com.cn
责任编辑　贾怡雯　美术编辑　吕欣童　版式设计　禹　蕊
责任校对　郭惠兰　责任印制　李玉山
ISBN 978-7-5024-7599-4
冶金工业出版社出版发行；各地新华书店经销；三河市双峰印刷装订有限公司印刷
2017 年 9 月第 1 版，2017 年 9 月第 1 次印刷
787mm×1092mm　1/16；9.5 印张；225 千字；142 页
28.00 元
冶金工业出版社　投稿电话　（010）64027932　投稿信箱　tougao@cnmip.com.cn
冶金工业出版社营销中心　电话　（010）64044283　传真　（010）64027893
冶金书店　地址　北京市东四西大街 46 号（100010）　电话　（010）65289081（兼传真）
冶金工业出版社天猫旗舰店　yjgycbs.tmall.com
（本书如有印装质量问题，本社营销中心负责退换）

前　言

　　目前，能源与动力工程专业在教学中使用的实验指导资料多是单门课程的讲义形式。为了规范各门课程的实验讲义，并且方便学生和老师使用，我们编写了这本涉及本专业全部课程的实验指导书。

　　本书涵盖了能源与动力工程专业所有课程的实验，参照国内有关实验教学和研究成果，按照"基础层次—提高层次—综合性设计性实验"三个层次进行编写。各门课程都按照大纲要求，设置了适量的基础实验；同时，在原有验证性实验的基础上，增加了相应的创新性实验和综合性实验，以求全面提高学生的动手能力和实验教学的水平。

　　本书由德州学院机电工程学院金秀慧教授和孙如军教授担任主编；由德州学院机电工程学院门立山、胡晓花、卫江红和王锐老师担任副主编；参编的有德州学院机电工程学院教师王文斌、王会、赵岩、侯晓霞、陈超、张连山等。

　　由于编者水平所限，书中不足之处，恳请广大读者给予批评指正。

编　者

2017 年 7 月

目　录

1　材料力学 ·· 1

　1.1　低碳钢的拉伸实验 ··· 1

　1.2　测定材料弹性模量 E ·· 3

　1.3　低碳钢和铸铁的扭转实验 ·· 4

　1.4　矩形截面梁纯弯曲正应力的电测实验 ·· 6

　1.5　测定材料切变模量 G ·· 9

2　机械工程材料 ·· 12

　2.1　金相试样的制备 ··· 12

　2.2　金相显微镜的使用及组织观察 ··· 13

　2.3　淬火热处理对钢组织的影响 ·· 15

　2.4　淬火热处理对钢强度的影响 ·· 16

　2.5　布氏硬度计的使用及硬度测试 ··· 17

3　互换性与测量技术 ·· 20

　3.1　外径千分尺测量轴径 ·· 20

　3.2　内径百分表测量孔径 ·· 21

　3.3　形位误差测量 ·· 23

　3.4　螺纹参数测量 ·· 24

　3.5　齿厚测量 ··· 25

　3.6　齿轮公法线平均长度偏差及公法线长度变动测量 ··························· 26

4　机械工程测试技术基础 ·· 29

　4.1　应变片单臂电桥性能实验 ·· 29

　4.2　应变片半桥性能实验 ·· 34

　4.3　应变片全桥性能实验 ·· 36

　4.4　应变片单臂、半桥、全桥性能比较 ··· 37

　4.5　应变片直流全桥的应用——电子秤实验 ··· 38

　4.6　应变片交流全桥的应用（应变仪）——振动测量实验 ······················ 39

　4.7　压阻式压力传感器测量压力特性实验 ··· 42

　4.8　差动变压器的性能实验 ·· 44

　4.9　差动变压器测位移实验 ·· 48

4.10 电容式传感器的位移实验 …………………………………… 51
4.11 线性霍尔传感器位移特性实验 ……………………………… 54
4.12 线性霍尔传感器交流激励时的位移性能实验 ……………… 56
4.13 开关式霍尔传感器测转速实验 ……………………………… 58
4.14 磁电式传感器测转速实验 …………………………………… 60
4.15 压电式传感器测振动实验 …………………………………… 61
4.16 电涡流传感器位移实验 ……………………………………… 65
4.17 光电传感器测转速实验 ……………………………………… 69
4.18 Pt100 铂电阻测温特性实验 ………………………………… 70

5 机械设计基础 …………………………………………………… 75

5.1 常用机构和典型机械零件认识实验 ………………………… 75
5.2 平面机构运动简图的绘制与分析 …………………………… 75
5.3 渐开线齿轮齿廓范成加工原理 ……………………………… 76
5.4 渐开线直齿圆柱齿轮参数的测定 …………………………… 78
5.5 带传动实验 …………………………………………………… 79
5.6 减速器拆装实验 ……………………………………………… 81
5.7 机构运动方案创新设计实验 ………………………………… 81

6 工程流体力学 …………………………………………………… 87

6.1 局部阻力系数测定 …………………………………………… 87
6.2 孔口、管嘴各项系数的测定 ………………………………… 90
6.3 雷诺实验 ……………………………………………………… 92
6.4 伯努利方程验证 ……………………………………………… 95
6.5 沿程阻力系数的测定 ………………………………………… 96
6.6 文丘里流量计流量系数的测定 ……………………………… 98
6.7 毕托管测流速系数 …………………………………………… 99

7 工程热力学 ……………………………………………………… 100

7.1 二氧化碳临界状态观测及 p-V-t 关系测定 ……………… 100
7.2 气体定压比热测定 …………………………………………… 103
7.3 可视性饱和蒸汽 p-t 的关系 ……………………………… 107
7.4 空气绝热指数的测定 ………………………………………… 109
7.5 喷管中气体流动特性的测定 ………………………………… 111
7.6 活塞式压气机性能实验 ……………………………………… 116
7.7 充放气热力过程综合实验 …………………………………… 119
7.8 低品位能量有效利用实验 …………………………………… 119
7.9 制冷热泵循环演示实验 ……………………………………… 119

8　传热学 ……………………………………………………………………………… 122

8.1　热管换热器实验台 ………………………………………………………… 122

8.2　中温法向辐射时物体黑度的测定 ……………………………………… 124

8.3　自由对流横管管外放热系数测试 ……………………………………… 127

8.4　换热器传热系数综合测定实验 …………………………………………… 129

8.5　顺逆流传热温差试验 ……………………………………………………… 133

8.6　非稳态（准稳态）法测材料的导热性能实验 ………………………… 135

8.7　强迫对流单管管外放热系数测试 ……………………………………… 139

参考文献 …………………………………………………………………………… 142

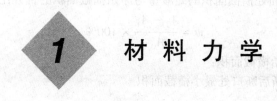

1 材料力学

1.1 低碳钢的拉伸实验

1.1.1 实验名称

低碳钢的拉伸实验

1.1.2 实验目的

(1) 测定低碳钢的屈服极限 σ_s、强度极限 σ_b、伸长率 δ 和断面收缩率 ψ。
(2) 观察低碳钢拉伸过程中的弹性变形、屈服、强化和缩颈等物理现象。
(3) 熟悉材料试验机和游标卡尺的使用。

1.1.3 实验设备

手动数显材料试验机、MaxTC220 试验机测试仪、游标卡尺。

1.1.4 试样制备

低碳钢试样如图 1.1.1 所示，直径 $d=10\text{mm}$，测量并记录试样的原始标距 L_0。

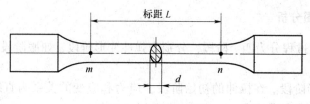

图 1.1.1 低碳钢试样

1.1.5 实验原理

(1) 材料达到屈服时，应力基本不变而应变增加，材料暂时失去了抵抗变形的能力，此时的应力即为屈服极限 σ_s。
(2) 材料在拉断前所能承受的最大应力，即为强度极限 σ_b。
(3) 试样的原始标距为 L_0，拉断后将两段试样紧密对接在一起。量出拉断后的长度 L_1，伸长率为拉断后标距的伸长量与原始标距的百分比，即

$$\delta = \frac{L_1 - L_0}{L_0} \times 100\%$$

（4）拉断后，断面处横截面积的缩减量与原始横截面积的百分比为断面收缩率，即

$$\psi = \frac{A_0 - A_1}{A_0} \times 100\%$$

式中　A_0——试样原始横截面积；

　　　A_1——试样拉断后断口处最小横截面积。

1.1.6　实验步骤

（1）调零：打开示力仪开关，待示力仪自检停后，按清零按钮，使显示屏上的按钮显示为零。

（2）加载：用手握住手柄，顺时针转动施力使动轴通过传动装置带动千斤顶的丝杠上升，使试样受力，直至断裂。

（3）示力：在试样受力的同时，装在螺旋千斤顶和顶梁之间的压力传感器受压产生压力信号，通过回蕊电缆传给电子示力仪，电子示力仪的显示屏上即用数字显示出力值。

（4）关机：实验完毕，卸下试样，操作定载升降装置使移动挂梁降到最低时关闭示力仪开关，断开电源。

1.1.7　数据处理

（1）将相关数据记录在表 1.1.1 中。

表 1.1.1　低碳钢拉伸实验数据记录

参　数	原始直径 d_0	断口直径 d_1	原始标距 L_0	拉断后标距 L_1
长度/mm				

（2）根据 1.1.5 节给出的公式计算伸长率 δ 和断面收缩率 ψ。

（3）在应力应变图中标出屈服极限 σ_s 和强度极限 σ_b。

1.1.8　应力应变图分析

低碳钢的拉伸过程分为四个阶段，分别为弹性变形阶段、屈服阶段、强化阶段和缩颈阶段。

（1）弹性变形阶段。在拉伸的初始阶段，应力和应变的关系为直线，此阶段符合胡克定律，即应力和应变成正比。

（2）屈服阶段。超过弹性极限后，应力增加到某一数值时，应力应变曲线上出现接近水平线的小锯齿形线段，此时，应力基本保持不变，而应变显著增加，材料失去了抵抗变形的能力，锯齿线段对应的应力为屈服极限。

（3）强化阶段。经屈服阶段后，材料又恢复了抵抗变形的能力，要使它继续变形，必须增加拉力，强化阶段中最高点对应的应力为材料所能承受的最大应力，即强度极限。

（4）缩颈阶段。当应力增大到最大值之后，试样某一局部出现显著收缩，产生缩颈，此后使试样继续伸长所需的拉力减小，最终试样在缩颈处断裂。

1.1.9　实验作业

（1）说明测定屈服极限 σ_s、强度极限 σ_b、伸长率 δ 和断面收缩率 ψ 的实验原理及拉

伸实验的实验步骤。

（2）根据实验过程中记录的数据，计算材料的伸长率 δ 和断面收缩率 ψ。

（3）在应力应变图中标出屈服极限 σ_s 和强度极限 σ_b。

（4）对应力应变图进行分析。

1.2 测定材料弹性模量 E

1.2.1 实验名称

测定材料的弹性模量

1.2.2 实验目的

（1）掌握测定 Q235 钢弹性模量 E 的实验方法。

（2）熟悉 CEG-4K 型测 E 试验台及其配套设备的使用方法。

1.2.3 实验设备及仪器

CEG-4K 型测 E 试验台、球铰式引伸仪。

1.2.4 主要技术指标

（1）试样：Q235 钢，如图 1.1.1 所示，直径 $d=10\text{mm}$，标距 $L=100\text{mm}$。

（2）载荷增重 $\Delta F=1000\text{N}$（砝码四级加载，每个砝码重 25N，初载砝码一个，重 16N，采用 1∶40 杠杆比放大）。

1.2.5 实验原理

实验时，从 F_0 到 F_4 逐级加载，载荷的每级增量为 1000N。每次加载时，记录相应的长度变化量，即为 ΔF 引起的变形量。在逐级加载中，如果变形量 ΔL 基本相等，则表明 ΔF 与 ΔL 为线性关系，符合胡克定律。完成一次加载过程，将得到 ΔL 的一组数据，实验结束后，求 ΔL_1 到 ΔL_4 的平均值 $\Delta L_\text{平}$，代入胡克定律计算弹性模量。即

$$\Delta L_\text{平} \times 0.001 = \frac{\Delta FL}{EA}$$

备注：引伸仪每格代表 0.001mm。

1.2.6 实验步骤及注意事项

（1）调节吊杆螺母，使杠杆尾部上翘一些，使之与满载时关于水平位置大致对称。

（2）把引伸仪装夹到试样上，必须使引伸仪不打滑。

注意：对于容易打滑的引伸仪，要在试样被夹处用粗纱布沿圆周方向打磨一下。引伸仪为精密仪器，装夹时要特别小心，以免使其受损。采用球铰式引伸仪时，引伸仪的架体平面与试验台的架体平面需成 45° 左右的角度。

（3）挂上砝码托。

（4）加上初载砝码，记下引伸仪的初读数。

（5）分四次加等重砝码，每加一次记录一次引伸仪的读数。

注意：加砝码时要缓慢放手，以使之为静载，防止砝码失落而砸伤人、物。

（6）实验完毕，先卸下砝码，再卸下引伸仪。

1.2.7　数据记录及计算

（1）将原始数据记录在表 1.2.1 中。

表 1.2.1　测定材料弹性模量 E 实验数据记录　　　　　　　　　（mm）

分级加载	初载 L_0	一次加载 L_1	二次加载 L_2	三次加载 L_3	四次加载 L_4
引伸仪读数					

（2）计算。

1）计算各级形变量，将结果记录在表 1.2.2 中。

表 1.2.2　各级形变量计算结果　　　　　　　　　　　　　　（mm）

分级加载	一次加载 ΔL_1	二次加载 ΔL_2	三次加载 ΔL_3	四次加载 ΔL_4	平均值 $\Delta L_{平}$
形变量					

2）计算材料面积 A。

$$A = \frac{\pi d^2}{4}$$

3）计算弹性模量 E（弹性模量单位为 MPa）。

$$\Delta L_{平} \times 0.001 = \frac{\Delta F L}{E A}$$

1.2.8　实验作业

（1）说明测定弹性模量 E 的实验原理、步骤及注意事项。

（2）根据实验过程中记录的原始数据，计算材料的弹性模量 E。

1.3　低碳钢和铸铁的扭转实验

1.3.1　实验名称

低碳钢和铸铁的扭转实验

1.3.2　实验目的

（1）测定低碳钢的剪切屈服极限 τ_s 及剪切强度极限 τ_b。

（2）测定铸铁的剪切强度极限 τ_b。

（3）观察比较两种材料扭转变形过程中的各种现象及其破坏形式，并对试件断口进行分析。

1.3.3 实验设备及仪器

扭转试验机、游标卡尺。

1.3.4 试样制备

低碳钢和铸铁试样如图 1.1.1 所示，直径 $d = 10$mm，分别测量并记录试样的原始标距 L_0。

1.3.5 实验原理

扭转实验是将材料制成一定形状和尺寸的标准试样，置于扭转试验机上进行的，利用扭转试验机上面的自动绘图装置可绘出扭转曲线，并能测出金属材料抵抗扭转时的屈服扭矩 T_s 和最大扭矩 T_b。通过计算可求出屈服极限 τ_s 及剪切强度极限 τ_b。

$$\tau_s = \frac{T_s}{W_t} \qquad \tau_b = \frac{T_b}{W_t}$$

式中，$W_t = \dfrac{\pi d^3}{16}$，单位为 mm³；$\tau_s$ 和 τ_b 的单位为 MPa。

1.3.6 实验步骤

（1）测量试件标距。

（2）选择试验机的加载范围，弄清所用测力刻度盘。

（3）安装试样，调整测力指针。

（4）实验测试。开机缓慢加载，注意观察试件、测力指针和记录图，记录主要数据，在低碳钢扭转时，有屈服现象，记录测力盘指针摆动的最小扭矩为屈服扭矩 T_s，直至实验结束记录最大扭矩 T_b。

（5）铸铁在扭转时无屈服现象，直至实验结束记录最大扭矩 T_b。

（6）关机取下试件，将机器恢复原位。

1.3.7 数据记录及处理

（1）将原始数据记录在表 1.3.1 中。

表 1.3.1 低碳钢和铸铁扭转实验数据记录

材　料	直径 d_0/mm	标距 L_0/mm	屈服扭矩 T_s/N·m	最大扭矩 T_b/N·m
低碳钢	10			
铸　铁	10		—	

（2）根据 1.3.5 节中给出的公式计算抗扭截面系数 W_t，计算低碳钢的屈服极限 τ_s 和剪切强度极限 $\tau_{b低}$ 以及铸铁剪切强度极限 $\tau_{b铸}$。

1.3.8 绘制断口示意图并分析破坏原因

低碳钢和铸铁的断口示意图如图 1.3.1 所示。

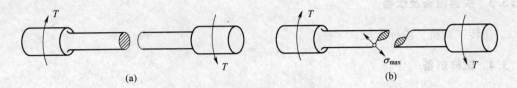

图 1.3.1　断口示意图

(a) 低碳钢断口示意图；(b) 铸铁断口示意图

破坏原因分析：

低碳钢材料的抗剪能力低于抗拉（压）能力，低碳钢扭转时沿最大切应力的作用面发生断裂，为切应力作用而剪断，因此，其破坏断面与曲线垂直，如图 1.3.1 (a) 所示；铸铁材料的抗拉强度较低，铸铁扭转时沿最大拉应力的作用面发生断裂，由应力状态可知，纯剪切最大拉应力作用的主平面与 x 轴夹角为 45°，因此，铸铁圆形试件破坏断面与轴线成 45° 螺旋面，如图 1.3.1 (b) 所示。

1.3.9　实验作业

(1) 说明测定低碳钢剪切屈服极限 τ_s、剪切强度极限 $\tau_{b低}$ 及铸铁剪切强度极限 $\tau_{b铸}$ 的实验原理及步骤。

(2) 根据实验过程中记录的原始数据，计算低碳钢的剪切屈服极限 τ_s、剪切强度极限 $\tau_{b低}$ 及铸铁的剪切强度极限 $\tau_{b铁}$。

(3) 绘制低碳钢和铸铁的断口示意图，并分析其破坏原因。

1.4　矩形截面梁纯弯曲正应力的电测实验

1.4.1　实验名称

矩形截面梁纯弯曲正应力的电测实验

1.4.2　实验目的

(1) 学习使用电阻应变仪，初步掌握电测方法。

(2) 测定矩形截面梁纯弯曲时的正应力分布规律，并与理论公式计算结果进行比较，验证弯曲正应力计算公式的正确性。

1.4.3　实验设备

WSG-80 型纯弯曲正应力试验台、静态电阻应变仪。

1.4.4　主要技术指标

1.4.4.1　矩形截面梁试样

矩形截面梁试样受力情况如图 1.4.1 所示。

材料：20 号钢，$E = 208 \times 10^9 \text{Pa}$；

跨度：$L = 600\text{mm}$，$a = 200\text{mm}$，$L_1 = 200\text{mm}$；

横截面尺寸：高度 $h = 28\text{mm}$，宽度 $b = 10\text{mm}$。

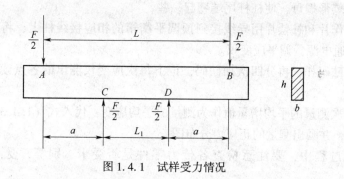

图 1.4.1　试样受力情况

1.4.4.2　载荷增量

载荷增量 $\Delta F = 200\text{N}$（砝码四级加载，每个砝码重 10N，采用 1∶20 杠杆比放大），砝码托作为初载荷，$F_0 = 26\text{N}$。

1.4.4.3　精度

满足教学实验要求，误差一般在 5% 左右。

1.4.5　实验原理

如图 1.4.1 所示，CD 段为纯弯曲段，其弯矩为 $M = \dfrac{1}{2}Fa$，则 $M_0 = 2.6\text{N} \cdot \text{m}$，$\Delta M = 20\text{N} \cdot \text{m}$。根据弯曲理论，梁横截面上各点的正应力增量为：

$$\Delta\sigma_{理} = \frac{\Delta My}{I_z} \tag{1.4.1}$$

式中，y 为点到中性轴的距离；I_z 为横截面对中性轴 z 的惯性矩。对于矩形截面

$$I_z = \frac{bh^3}{12} \tag{1.4.2}$$

由于 CD 段是纯弯曲的，纵向各纤维间不挤压，只产生伸长或缩短，所以各点均为单向应力状态。只要测出各点沿纵向的应变增量 $\Delta\varepsilon$，即可按胡克定律计算出实际的正应力增量 $\Delta\sigma_{实}$。

$$\Delta\sigma_{实} = E\Delta\varepsilon \tag{1.4.3}$$

在 CD 段任取一截面，沿不同高度贴五片应变片。1 片、5 片距中性轴 z 的距离为 $h/2$，2 片、4 片距中性轴 z 的距离为 $h/4$，3 片就贴在中性轴的位置上。

测出各点的应变后，即可按式（1.4.3）计算出实际的正应力增量 $\Delta\sigma_{实}$，并画出正应力 $\Delta\sigma_{实}$ 沿截面高度的分布规律图，从而可与式（1.4.1）计算出的正应力理论值 $\Delta\sigma_{理}$ 进行比较。

1.4.6　实验步骤及注意事项

（1）开电源，使应变仪预热。

（2）在 CD 段的大致中间截面处贴五片应变片与轴线平行，各片相距 h/4，作为工作片；另在一块与试样相同的材料上贴一片补偿片，放到试样被测截面附近。应变片要采用窄而长的较好，贴片时可把试样取下，贴好片，焊好固定导线，再小心装上。

（3）调动蝶形螺母，使杠杆尾端翘起一些。

（4）把工作片和补偿片用导线接到预调平衡箱的相应接线柱上，将预调平衡箱与应变仪连接，接通电源，调平应变仪。

（5）先挂砝码托，再分四次加砝码，记下每次应变仪测出的各点读数。注意加砝码时要缓慢放手。

（6）取四次测量的平均增量值作为测量的平均应变，代入式（1.4.3）计算可得各点的弯曲正应力，并画出测量的正应力分布图。

（7）加载过程中，要注意检查各传力零件是否受卡、别等，受卡、别等应卸载调整。

（8）实验完毕将载荷卸为零，工具复原，经指导老师检查方可关闭应变仪电源。

1.4.7　数据处理

（1）计算弯曲梁截面各点处的理论正应力增量。

1）将测点的位置记录在表 1.4.1 中。

表 1.4.1　测点位置

测点编号	1	2	3	4	5
测点至中性轴的距离 y/mm					

2）根据式（1.4.2）计算矩形横截面对中性轴 z 的惯性矩 I_z。

3）根据式（1.4.1）直接计算各点的理论正应力增量，并记录于表 1.4.2 中。

表 1.4.2　理论正应力增量

测点编号	1	2	3	4	5
理论正应力增量 $\Delta\sigma_{理}$/MPa					

（2）计算弯曲梁截面各点处的实际正应力增量。

1）将各测点原始数据记录于表 1.4.3 中。

表 1.4.3　各测点原始数据

测　点	初载 ε_0	一次加载 ε_1	二次加载 ε_2	三次加载 ε_3	四次加载 ε_4
测点 1 应变仪读数					
测点 2 应变仪读数					
测点 3 应变仪读数					
测点 4 应变仪读数					
测点 5 应变仪读数					

2）计算各测点应变增量，并记录于表 1.4.4 中。

表 1.4.4 各测点应变增量及平均值

测　点	一次加载 $\Delta\varepsilon_1$	二次加载 $\Delta\varepsilon_2$	三次加载 $\Delta\varepsilon_3$	四次加载 $\Delta\varepsilon_4$	平均值 $\Delta\varepsilon_{平}$
测点 1 应变增量					
测点 2 应变增量					
测点 3 应变增量					
测点 4 应变增量					
测点 5 应变增量					

3）根据式（1.4.3）计算各测点实际正应力增量，并记录于表 1.4.5 中。

表 1.4.5 各测点实际正应力增量

测 点 编 号	1	2	3	4	5
实际正应力增量 $\Delta\sigma_{实}$/MPa					

（3）计算各测点理论与实际正应力的误差 e，并记录于表 1.4.6 中。

$$e = \left| \frac{\Delta\sigma_{理} - \Delta\sigma_{实}}{\Delta\sigma_{理}} \right| \times 100\%$$

表 1.4.6 各测点理论正应力与实际正应力误差

测 点 编 号	1	2	3	4	5
误差 e					

1.4.8 实验作业

（1）说明矩形梁纯弯曲正应力电测实验的原理、实验步骤及注意事项等。

（2）分别计算各测点的理论和实际弯曲正应力增量，验证弯曲正应力公式的正确性。

（3）绘制弯曲正应力沿截面高度的分布规律图。

1.5　测定材料切变模量 G

1.5.1　实验名称

测定材料切变模量 G。

1.5.2　实验目的

（1）掌握测定 Q235 钢切变模量 G 的实验方法。

（2）熟悉 NY-4 型扭转测 G 仪的使用方法。

1.5.3　实验设备及仪器

NY-4 型扭转测 G 仪、百分表、游标卡尺。

1.5.4　主要技术指标

（1）试样：直径 $d = 10$mm，标距 $L_0 = 60 \sim 100$mm（可调），材料 Q235 钢。

（2）力臂：长度 $a = 200$mm，产生最大扭矩 $T = 4$N·m。

（3）百分表：触点离试样轴线距离 $b = 100$mm，放大倍数 $K = 100$ 格/mm，用百分表测定扭转的位移。

（4）砝码：4 块，每块重 5N，砝码托作初载荷，$T_0 = 0.26$N·m，扭矩增量 $\Delta T = 1$N·m。

（5）精度：误差不超过 5%。

1.5.5　实验原理

实验时，从 F_0 到 F_4 逐级加载，扭矩的每级增量为 1N·m。每次加载时，相应的扭转角变化量即为 ΔT 引起的变形量。在逐级加载中，如果变形量 $\Delta \varphi$ 基本相等，则表明 $\Delta \varphi$ 与 ΔT 为线性关系，符合剪切胡克定律。完成一次加载过程，可计算得到 $\Delta \varphi$ 的一组数据，实验结束后，求 $\Delta \varphi_1$ 到 $\Delta \varphi_4$ 的平均值 $\Delta \varphi_平$，代入剪切胡克定律计算弹性模量。即

$$\Delta \varphi_平 = \frac{\Delta T L}{G I_p}$$

式中，I_p 为横截面对圆心极惯性矩。

1.5.6　实验步骤及注意事项

（1）桌面目视基本水平，把仪器放在桌上（先不加砝码托及砝码）。

（2）调整两悬臂杆的位置，大致达到选定标距，固定左旋臂杆，再固定右旋臂杆，调整右横杆，使百分表触头距试样轴线距离 $b = 100$mm，并使表针预先转过 10 格以上（b 值也可不调，按实际测值计算）。

（3）用游标卡尺准确测量标距，在实际计算时用。

（4）挂上砝码托，记下百分表的初读数。

（5）分四次加砝码，每加一次记录一次表的读数，加砝码时要缓慢放手。

（6）实验完毕，卸下砝码。

1.5.7　数据记录及计算

（1）原始数据记录。测量试样标距 L_0；读百分表读数，并记录于表 1.5.1 中。

试样标距为 $L_0 = $ ＿＿＿ mm。

表 1.5.1　分级加载百分表读数

分级加载	初载 S_0	一次加载 S_1	二次加载 S_2	三次加载 S_3	四次加载 S_4
百分表读数					

（2）计算。

1）计算扭转位移，并记录于表 1.5.2 中。

表 1.5.2 扭转位移

分级加载	一次加载 ΔS_1	二次加载 ΔS_2	三次加载 ΔS_3	四次加载 ΔS_4	平均值 $\Delta S_\text{平}$
百分表刻度变化/格					

2）计算扭转角增量 $\Delta\varphi$：

$$\Delta\varphi = \frac{\Delta S_\text{平}}{Kb}$$

式中，K 为百分表的放大倍数，100 格/mm；b 为百分表触头距轴线的距离，$b = 100\text{mm}$。

3）计算横截面对圆心极惯性矩 I_p：

$$I_\text{p} = \frac{\pi d^4}{32}$$

4）计算切变模量 G（单位为 MPa）：

$$G = \frac{\Delta T L_0}{\Delta\varphi I_\text{p}}$$

1.5.8 实验作业

（1）说明测定切变模量 G 的实验原理、步骤及注意事项。

（2）根据实验过程中记录的原始数据，计算材料的切变模量 G。

2 机械工程材料

2.1 金相试样的制备

2.1.1 实验名称

金相试样的制备。

2.1.2 实验目的

（1）了解常用制样设备的使用方法。

（2）掌握标准金相试样的制作方法。

2.1.3 实验材料

小块状45号钢、胶木粉（胶木粉不透明，有各种颜色，比较硬，镶嵌出的试样不易倒角，但耐腐蚀性能比较差）、水砂纸（使用粒度为240目、320目、400目、500目、600目五种水砂纸，粒度越大，砂纸越细）、抛光布、高效金刚石喷雾抛光剂、酒精、脱脂棉花、滤纸、化学侵蚀剂。

2.1.4 实验设备及仪器

金属切割机、金属镶嵌机、金属预磨机、金属抛光机。

2.1.5 实验内容与步骤

2.1.5.1 取样

取样要求：

采用金属切割机取样，试样大小要便于握持、易于磨制，通常采用 $\phi15mm \times (15 \sim 20)$ mm的圆柱体或边长 $15 \sim 25mm$ 的立方体。对形状特殊或尺寸细小不易握持的试样，要进行镶嵌。

2.1.5.2 镶嵌

操作步骤及方法如下：

（1）先将镶嵌机定时器指向ON位置，打开电源开关，设置镶嵌温度（胶木粉一般采用 $135 \sim 150℃$）。

（2）到达设定温度后，放入试样及胶木粉。

（3）顺时针转动手轮，使下模上升到压力指示灯亮，如在加热过程中指示灯灭，再继续加压至灯亮。

（4）保温 8min，使试样成型，关闭电源，冷却 15min 后，取出试样。

2.1.5.3 磨光

操作步骤及方法如下：

（1）将水磨砂纸平放在金属预磨机的研磨盘中。

（2）打开磨盘水开关，并调整好水流。

（3）打开电源开关，使研磨盘旋转。

（4）将试样用力持住，并轻轻靠向砂纸，待试样和砂纸接触良好并无跳动时，用力压住试样进行研磨。

2.1.5.4 抛光

操作步骤及方法如下：

（1）将抛光布平放在金属抛光机的抛光盘中。

（2）倒入水使抛光布润湿。

（3）打开电源开关，使抛光盘旋转。

（4）捏持试样，磨面向下，水平贴向抛光盘，添加抛光液，均匀施力使试样沿径向在金属抛光机的抛光盘中往复移动，直到试样表面成为光滑镜面。

2.1.5.5 化学侵蚀

将已抛光好的试样用水冲洗干净或用酒精擦掉表面残留的脏物，然后将试样磨面浸入腐蚀剂中，或用竹夹子或木夹夹住棉花球蘸取腐蚀剂在试样磨面上擦拭，抛光的磨面即逐渐失去光泽，待试样腐蚀合适后马上用水冲洗干净，用滤纸吸干或用吹风机吹干试样磨面，即可放在显微镜下观察。高倍观察时腐蚀稍浅一些，而低倍观察则应腐蚀较深一些。

2.1.6 实验注意事项

（1）注意用电安全。

（2）正确操作，注意人身安全，例如在磨光和抛光过程中，防止试样飞溅伤人。

（3）节约使用实验耗材，例如砂纸、抛光布、抛光剂等。

2.1.7 实验作业

（1）说明金相试样的制作流程。

（2）说明常用制样设备的使用方法及注意事项。

2.2 金相显微镜的使用及组织观察

2.2.1 实验名称

金相显微镜的使用及组织观察。

2.2.2 实验目的

（1）了解金相显微镜的构造及使用方法。

14

（2）利用金相显微镜进行组织观察。

2.2.3 实验设备及材料

金相显微镜、45 号钢标准试样、酒精、脱脂棉花、滤纸、化学侵蚀剂。

2.2.4 实验原理

利用肉眼或放大镜观察分析金属材料的组织和缺陷的方法称为宏观分析，为了研究金属材料的细微组织和缺陷，可采用显微分析。显微分析是利用放大倍数较高的金相显微镜观察分析金属材料的细微组织和缺陷的方法。一般金相显微镜的放大倍数是 10~2000 倍，而金属颗粒的平均直径在 0.001~0.1mm 范围内，借助于金相显微镜可看其轮廓的范围，因此，显微分析是目前生产检验与科学研究的主要方法之一。研究金属显微组织的光学显微镜称为金相显微镜，金相显微镜是利用反射光将不透明物体放大和进行观察。

2.2.5 实验内容与步骤

（1）将光源插头接上电源变压器，接上户内 220V 电源。

（2）观察前装上各个物镜。在更换物镜时，须把载物台升起，以免碰触透镜。

（3）试样处理。将已准备好的试样用水冲洗干净或用酒精擦掉表面残留的脏物，然后将试样磨面浸入腐蚀剂中，或用竹夹子或木夹夹住棉花球蘸取腐蚀剂在试样磨面上擦拭，抛光的磨面即逐渐失去光泽，待试样腐蚀合适后马上用水冲洗干净，用滤纸吸干试样磨面。注意高倍观察时腐蚀稍浅一些，而低倍观察则应腐蚀较深一些。

（4）将处理好的 45 号钢试样放在载物台上，使被观察表面复置在载物台当中。

（5）使用低倍物镜观察调焦。观察时，应先用粗调节手轮调节至初见物像，再改用细调节手轮调节至物像十分清晰为止。注意避免镜头与试样撞击，可从侧面注视物镜，将载物台尽量下移，直至镜头几乎与试样接触（但切不可接触），再从目镜中观察。

（6）为配合各种不同数值孔径的物镜，设置了大小可调的孔径光栏和视场光栏，其目的是为了获得良好的物像和显微摄影衬度。当使用某一数值孔径的物镜时，先对试样正确调焦之后，可调节视场光栏，这时从目镜视场里看到了视野逐渐遮蔽，然后再缓缓调节使光栏孔张开，至遮蔽部分恰到视场出现时为止，它的作用是把试样的视野范围之外的光源遮去，以消除表面反射的漫射散光。为配合使用不同的物镜和适应不同类型试样的亮度要求设置了大小可调的孔径光栏。转动孔径光栏套圈，使物像达到清晰明亮，轮廓分明。在光栏上刻有分度，表示孔径尺寸。

（7）通过金相显微镜观察试样的组织。

2.2.6 注意事项

（1）注意用电安全。

（2）操作时必须特别谨慎，不能有任何剧烈的动作，不允许自行拆卸光学系统。

（3）爱护实验仪器及设备，例如在金相显微镜使用过程中，转动粗调或微调旋钮时动作要慢，感到阻碍时不得用力强行转动以免损坏机件，同时，将试样放在载物台中心时，试样要清洁、干燥，以免沾污、侵蚀镜头。

2.2.7 实验作业

（1）说明实验原理、步骤及其注意事项。

（2）画出通过金相显微镜观察到的 45 号钢的组织，并分析组织的组成。

2.3 淬火热处理对钢组织的影响

2.3.1 实验名称

淬火热处理对钢组织的影响。

2.3.2 实验目的

（1）初步掌握钢淬火的热处理工艺。

（2）了解热处理设备的使用方法。

（3）观察淬火后的金相组织，分析淬火热处理对钢组织的影响。

2.3.3 实验材料

小块状 45 号钢、酒精、脱脂棉花、滤纸、化学侵蚀剂。

2.3.4 实验设备及仪器

一体化程控高温炉、淬火水槽、金相显微镜。

2.3.5 实验原理

淬火是热处理工艺中最重要的工序，它可以显著的提高钢的强度和硬度。淬火是指将钢加热到适当的温度（亚共析钢 A_{c3} 以上，共析钢和过共析钢加热到 A_{c1} 以上 $30 \sim 50$℃），保温并以大于临界冷却速度的速度冷却，从而得到马氏体或下贝氏体组织。

2.3.6 实验内容与步骤

（1）选择淬火工艺参数。45 号钢为亚共析钢，根据淬火工艺要求，选定参数。2h 升温至 850℃，保温 30min，然后水冷。

（2）设定炉温 850℃，升温时间 2h。

（3）当炉温到达设定温度后，将 45 号钢放入炉中加热，并待温度回升后开始计时，保温 30min。

（4）将 45 号钢取出，放入水槽中冷却。

（5）将淬火后的 45 号钢制成标准金相试样，在金相显微镜下进行观察，分析淬火对组织的影响。

2.3.7 实验注意事项

（1）注意用电安全。

（2）注意人身安全，例如在热处理过程中，由于温度较高，切勿用手直接接触钢料，以防烫伤。

（3）正确操作高温炉，应注意炉衬严禁撞击，进料时不得随意乱抛。

（4）热处理时采用到温入炉的方式，以期减少氧化、脱碳及变形等，从而提高淬火效率。

（5）淬火保温后快速取出试样，在冷却介质中不断窜动，充分冷却。

（6）爱护实验仪器及设备，例如在金相显微镜使用过程中，转动粗调或微调旋钮时动作要慢，感到阻碍时不得用力强行转动以免损坏机件，同时，将试样放在载物台中心时，试样要清洁、干燥，以免沾污、侵蚀镜头。

2.3.8　实验作业

（1）说明 45 号钢淬火热处理所需设备、实验原理、过程及注意事项。

（2）画出通过金相显微镜观察到的 45 号钢的淬火组织，并分析淬火对组织的影响。

2.4　淬火热处理对钢强度的影响

2.4.1　实验名称

淬火热处理对钢强度的影响。

2.4.2　实验目的

（1）熟悉材料试验机和游标卡尺的使用。

（2）测定 Q235 钢淬火前后的屈服极限 σ_s、强度极限 σ_b，分析淬火对钢强度的影响。

（3）观察 Q235 钢拉伸过程中的弹性变形、屈服、强化和缩颈等物理现象。

2.4.3　实验设备

手动数显材料试验机、MaxTC220 试验机测试仪、游标卡尺。

2.4.4　试样制备

Q235 钢试样如图 2.4.1 所示，直径 $d = 10\text{mm}$，标距 $L_0 = 100\text{mm}$。

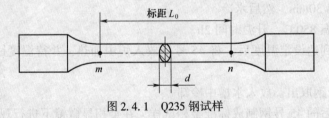

图 2.4.1　Q235 钢试样

2.4.5　实验原理

（1）材料达到屈服时，应力基本不变而应变增加，材料暂时失去了抵抗变形的能力，此时的应力即为屈服极限 σ_s。

（2）材料在拉断前所能承受的最大应力，即为强度极限 σ_b。

2.4.6 实验内容与步骤

（1）调零：打开示力仪开关，待示力仪自检停后，按清零按钮，使显示屏上的按钮显示为零。

（2）加载：用手握住手柄，顺时针转动施力使动轴通过传动装置带动千斤顶的丝杠上升，使试样受力，直至断裂。

（3）示力：在试样受力的同时，装在螺旋千斤顶和顶梁之间的压力传感器受压产生压力信号，通过回蕊电缆传给电子示力仪，电子示力仪的显示屏上即用数字显示出力值。

（4）重复以上步骤，分别测试 Q235 钢淬火前后的强度，打印出实验过程中的应力-应变曲线。

（5）关机：卸下试样，操作定载升降装置使移动挂梁降到最低时关闭示力仪开关，断开电源。

（6）根据淬火前后应力-应变曲线中屈服极限 σ_s 和强度极限 σ_b 的变化，分析淬火对钢强度的影响。

2.4.7 实验过程观察分析

低碳钢的拉伸过程分为四个阶段，分别为弹性变形阶段、屈服阶段、强化阶段和缩颈阶段。

（1）弹性变形阶段：在拉伸的初始阶段，应力和应变的关系为直线，此阶段符合胡克定律，即应力和应变成正比。

（2）屈服阶段：超过弹性极限后，应力增加到某一数值时，应力应变曲线上出现接近水平线的小锯齿形线段，此时，应力基本保持不变，而应变显著增加，材料失去了抵抗变形的能力，锯齿线段对应的应力为屈服极限。

（3）强化阶段：经屈服阶段后，材料又恢复了抵抗变形的能力，要使它继续变形，必须增加拉力，强化阶段中最高点对应的应力为材料所能承受的最大应力，即强度极限。

（4）缩颈阶段：当应力增大到最大值之后，试样某一局部出现显著收缩，产生缩颈，此后使试样继续伸长所需要的拉力减小，最终试样在缩颈处断裂。

2.4.8 实验作业

（1）说明测定屈服极限 σ_s、强度极限 σ_b 的实验原理及步骤。

（2）根据实验结果，分析淬火对钢强度的影响。

（3）对实验过程中的现象进行观察分析。

2.5 布氏硬度计的使用及硬度测试

2.5.1 实验名称

布氏硬度计的使用及硬度测试。

2.5.2　实验目的

（1）了解布氏硬度测试的基本原理。

（2）了解布氏硬度计的使用方法。

（3）掌握布氏硬度的测试方法。

2.5.3　实验设备及材料

HBE-3000A 型电子布氏硬度计、读数显微镜、铸铁试样。

2.5.4　实验原理

布氏硬度试验是用一定直径的钢球，以规定试验力压入被试验物体的表面，经规定的保持试验力时间后，卸除试验力，用读数显微镜测量试样表面的压痕直径。将试验力、保持时间及压痕直径对照布氏硬度计算表，即可查出布氏硬度的数值。

2.5.5　实验内容与步骤

（1）压头的安装：选定直径为 $D = 10\text{mm}$ 的压头，将压头装入轴孔内，旋转紧定螺钉，使其轻压于压头轴芯的扁平处，然后将工作台直接安装在升降丝杠上，再将试块稳固的放置于工作台上，旋转旋轮使试台缓慢上升，试样与压头轻轻接触，旋紧紧定螺钉，转动旋轮，使压头与试块脱离。

（2）打开电源开关，面板显示 A~0 倒计数，到力值数码管显示 0 时，杠杆自动调整进入工作起始位置，如力值数码管有残值，按清零键清除。

（3）在操作面板上将力值设置为 $F = 29400\text{N}$（3000kgf），时间设定为 15s。

（4）转动手轮，使工作台上升，待试样接触压头的同时试验力也开始显示，当试验力接近自动加荷值 90kgf（882.6N）时必须缓慢上升。到达自动加荷值时，仪器会发出"嘟"的响声，同时，停止转动手轮，加荷指示灯"LOADING"点亮，负荷自动加载，运行到达所选定的力值时，保荷开始，保荷指示灯"DWELL"点亮，加荷指示灯熄灭，并进入倒计时，待保荷时间结束，保荷指示灯熄灭，自动进行卸载，同时卸载指示灯"UN-LOADING"点亮，卸载结束后指示灯熄灭，反向转动旋轮使试样与压头脱离，杠杆恢复到起始位置。

（5）在布氏硬度工作台上取下试样，将打好压痕的试样放在平稳的台面上，把读数显微镜放在试样上，在视场中可见被放大的布氏压痕，测量两个相互垂直方向上的压痕直径。

（6）取两次压痕直径的平均值，在布氏硬度对照表中查出其相应的布氏硬度值。

2.5.6　注意事项

（1）仪器加卸载荷信号均由传感器反馈得到，传感器的输出信号相当微弱，为保证仪器的正常工作及避免可能发生的不必要的损坏，使用仪器时，周围应避免强电干扰源，测试结束应关机。

（2）仪器在加载荷过程中会发出一些轻微的响声，这是加荷机构在做自动调整，属于正常现象。

（3）读数显微镜的精度已在出厂时调整好，不允许自行拆装。

2.5.7 数据处理

测量两个相互垂直方向上的压痕直径，得 $d_1 = $ _____ mm，$d_2 = $ _____ mm；因此，压痕直径的平均值为：$d = (d_1 + d_2)/2 = $ _____ mm。根据压痕直径 d、试验力 29400N 及 $0.102F/D^2 = 30$ 查布氏硬度对照表得：布氏硬度为_____ HBW。

2.5.8 实验作业

（1）说明布氏硬度测试的实验原理、步骤及注意事项。

（2）测定给定试样的布氏硬度数值。

3 互换性与测量技术

3.1 外径千分尺测量轴径

3.1.1 实验目的

(1) 了解外径千分尺的构造。

(2) 掌握使用外径千分尺测量长度的原理和方法并能进行实际操作测量。

3.1.2 仪器和器材

外径千分尺及相关附件。

3.1.3 量仪说明和测量原理

外径千分尺通常简称为千分尺或螺旋测微器，它是比游标卡尺更精密的长度测量仪器，常见的一种如图 3.1.1 所示，它的分度值是 0.01mm，量程是 0~25mm。

外径千分尺的结构由固定的尺架、测砧、测微螺杆、固定套管、微分筒、测力装置、锁紧装置等组成。固定套管上有一条水平线，这

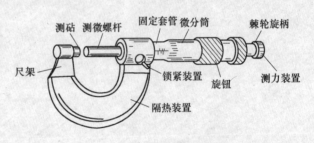

图 3.1.1 外径千分尺结构图

条线上、下各有一列间距为 1mm 的刻度线，上面的刻度线恰好在下面两相邻刻度线中间。微分筒上的刻度线是将圆周分为 50 等份的水平线，它是旋转运动的。

根据螺旋运动原理，当微分筒（又称可动刻度筒）旋转一周时，测微螺杆前进或后退一个螺距为 0.5mm。这样，当微分筒旋转一个分度后，它转过了 1/50 周，这时螺杆沿轴线移动了 1/50×0.5mm = 0.01mm，因此，使用千分尺可以准确读出 0.01mm 的数值。

3.1.4 测量步骤

测量前将被测物擦干净，松开千分尺的锁紧装置，转动旋钮，使测砧与测微螺杆之间的距离略大于被测物体。一只手拿千分尺的尺架，将待测物置于测砧与测微螺杆的端面之间，另一只手转动旋钮，当螺杆要接近物体时，改旋测力装置直至听到"喀喀"声。旋紧锁紧装置（防止移动千分尺时螺杆转动），即可读数。

3.1.5　使用千分尺的注意事项

（1）千分尺是一种精密的量具，使用时应小心谨慎，动作轻缓，不要让它受到打击和碰撞。千分尺内的螺纹非常细密，使用时要注意：

1）旋钮和测力装置在转动时不能过分用力。

2）当转动旋钮使测微螺杆靠近待测物时，一定要改旋测力装置，不能转动旋钮使螺杆压在待测物上。

3）当测微螺杆与测砧已将待测物卡住或旋紧锁紧装置的情况下，决不能强行转动旋钮。

（2）有些千分尺为了防止手温使尺架膨胀引起微小的误差，在尺架上装有隔热装置。实验时应手握隔热装置，而尽量少接触尺架的金属部分。

（3）使用千分尺测同一长度时，一般应反复测量几次，取其平均值作为测量结果。

（4）千分尺用完后，应用纱布擦干净，在测砧与螺杆之间留出一点空隙，放入盒中。如长期不用可抹上黄油或机油，放置在干燥的地方。注意不要让它接触腐蚀性的气体。

3.1.6　实验作业

按要求将被测件的相关信息、测量结果及测量条件填入表 3.1.1 中。

表 3.1.1　实验结果记录

被测件名称				测量器具		
测量次数与测量值	测量值/mm					平均值/mm
	1	2	3	4	5	
测量简图						
合格性判断						

3.2　内径百分表测量孔径

3.2.1　实验目的

（1）了解内径百分表的测量原理。

（2）学会内径百分表的调零及测量方法。

3.2.2　仪器和器材

内径百分表、外径千分尺及相关附件。

3.2.3 量仪说明和测量原理

内径百分表适用于测量一般精度的深孔零件，图3.2.1是内径百分表的结构示意图。内径百分表由百分表和表架组成，是以同轴线的固定测量头和活动测量头与被测孔壁相接触进行测量的。它备有一套长短不同的固定测量头，可根据被测孔径大小选择更换。内径百分表的测量范围取决于固定测量头的尺寸范围。测量时，活动测量头受到孔壁的压力而产生位移，该位移经杠杆系统传递给百分表，并由百分表进行读数。为了保证两测量头的轴线处于被测孔的直径方向上，在活动测量头的两侧有对称的定位片。

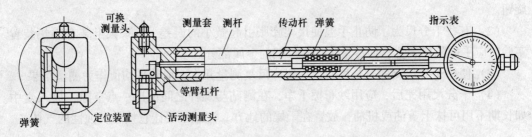

图3.2.1 内径百分表结构示意图

3.2.4 实验步骤

3.2.4.1 预调整

（1）将百分表装入量杆内，预压缩1mm左右（百分表的小指针指在1的附近）后锁紧。

（2）根据被测零件基本尺寸选择适当的可换测量头装入量杆的头部，用专用扳手扳紧锁紧螺母。此时应特别注意可换测量头与活动测量头之间的长度须大于被测尺寸0.8~1mm，以便测量时活动测量头能在基本尺寸的正、负一定范围内自由运动。

3.2.4.2 调节零位

（1）按被测零件的基本尺寸选择适当测量范围的外径千分尺，将外径千分尺对在被测基本尺寸上。

（2）将内径百分表的两测量头放在外径千分尺两量爪之间，与两量爪接触。为了使内径百分表的两测量头的轴线与两量爪平面相垂直，需拿住表杆中部微微摆动内径百分表，找出表针的转折点，并转动表盘使"0"刻线对准转折点，此时零位已调好。

3.2.4.3 测量孔径

（1）手握内径百分表的隔热手柄，先将内径百分表的活动测量头和定位装置轻轻压入被测孔径中，然后再将可换测量头放入。当测量头达到指定的测量部位时，将表轻微在轴向截面内摆动，如图3.2.2所示，读出指示表最小读数，即为该测量点孔径的实际偏差。

测量时要特别注意该实际偏差的正、负符号，即表针顺时针方向未达到零点的读数是正值，表针按顺时针方向超过零点的读数是负值。

（2）如图3.2.3所示，在被测孔轴向的三个横截面及每个截面相互垂直的两个方向上，共测6个点，将数据记入实验报告中，按孔的验收极限判断其合格与否。

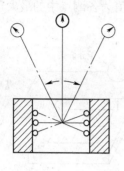

图 3.2.2 测量示意图

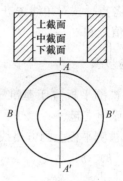

图 3.2.3 测量位置

3.2.4.4 评定合格性

若被测孔径实际偏差为 Ea，则满足 EI（孔的下偏差）$\leqslant Ea \leqslant ES$（孔的上偏差），即为合格。

3.2.5 实验作业

按要求将被测件的相关信息、测量结果及测量条件填入表 3.2.1 中。

表 3.2.1 实验结果记录

被测件名称		测 量 器 具	
测量结果/mm			
测 量 部 位		实际偏差值	基本尺寸、上下偏差、测量简图
上剖面	$A—A'$		
	$B—B'$		
中剖面	$A—A'$		
	$B—B'$		
下剖面	$A—A'$		
	$B—B'$		
合格性判断			

3.3 形位误差测量

3.3.1 实验目的

（1）了解平板测量方法。
（2）掌握平板测量的评定方法及数据处理方法。

3.3.2 测量概述

测量平板的平面度误差的主要方法是用标准平板模拟基准平面，用百分表进行测量，如图 3.3.1 所示。

基准平板的精度较高，一般为 0 级或 1 级。对大、中型平板可按一定的布线方式测量若干直线的各点，按对角线法进行数据处理。平面度误差值为各测点中的最大正值与最大负值的绝对值之和。

3.3.3　实验步骤

（1）将被测平板置于基准平板上，并由 3 个千斤顶支起。

（2）在被测平板上画方格线，定出 a_1、a_2、a_3、b_1、b_2、b_3、c_1、c_2、c_3 共 9 个点。

（3）调节千斤顶，使 a_1、c_3 两点偏差为零，a_3、c_1 两点偏差值相等。

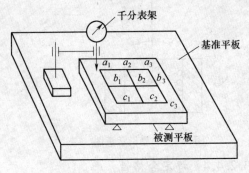

图 3.3.1　平面度的测量

（4）对每个点进行测量，记下 9 个数据。

（5）数据处理。将 9 个数据中的最大正值与最大负值的绝对值相加，即为被测实际表面的平面度误差。

3.4　螺纹参数测量

3.4.1　实验目的

（1）掌握用三针法测量螺纹中径的原理。
（2）学会用三针法测量螺纹中径的方法。

3.4.2　测量原理

三针测量法如图 3.4.1 所示。用三针法测量螺纹中径，属于间接测量。测量时，将三根直径相同的量针分别放入相应的螺纹沟槽内，用千分尺量出两边钢针顶点间的距离 M。根据 M、P、$\alpha/2$ 以及 d_0（d_0 为量针的直径），算出中径 d_2：

$$d_2 = M - d_0\left(1 + \frac{1}{\sin\dfrac{\alpha}{2}}\right) + \frac{P}{2}\cot\frac{\alpha}{2} \tag{3.4.1}$$

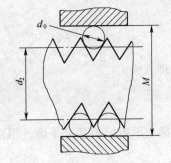
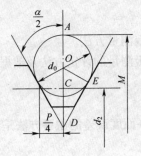

图 3.4.1　三针测量法

对普通螺纹，$\dfrac{\alpha}{2}=30°$，故 $d_2 = M - 3d_0 + 0.866P$。

为了减小螺纹牙型半角误差对测量结果的影响，应使选用的量针与螺纹牙侧在中径相切，此时的量针称最佳量针。最佳量针的直径为

$$d_{0佳} = \frac{P}{2\cos\dfrac{\alpha}{2}} \tag{3.4.2}$$

当 $\dfrac{\alpha}{2}=30°$时，$d_{0佳} = 0.577P$。

使用量针时，首先根据被测螺纹参数选择最佳直径的量针；若无最佳直径的量针时，可用最接近该直径的量针代替。

3.4.3 实验步骤

（1）计算最佳量针直径。

（2）按图 3.4.2 所示进行螺纹中径的测量，测量结果取 N 次实测中径的平均值。

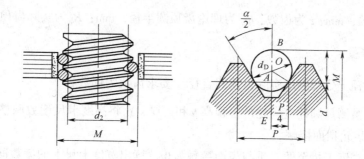

图 3.4.2 用三针法测量螺纹中径

3.5 齿 厚 测 量

3.5.1 实验目的

（1）了解齿厚游标卡尺的工作原理和使用方法。

（2）熟悉齿轮有关参数计算。

3.5.2 仪器和器材

齿厚游标卡尺、外径千分尺。

3.5.3 量仪说明和测量原理

齿厚偏差 ΔE_s 是指在齿轮分度圆柱面上，齿厚实际值与公称值之差。对于斜齿轮是指法向齿厚。控制齿厚偏差 ΔE_s 是为了保证齿轮传动中所必需的齿侧间隙。齿轮分度圆

齿厚可用如图 3.5.1 所示的齿厚游标卡尺测量。该卡尺与普通卡尺相比,是在原卡尺的垂直方向又加了一个卡尺,即水平放着的宽度卡尺与垂直放置的高度卡尺的组合。使用时由垂直卡尺定位,在水平卡尺上读得实际齿厚。

使用方法:先将高度卡尺调节为齿顶高,然后紧固;再将高度卡尺工作面接触轮齿顶面,移动宽度卡尺至两量爪与齿面接触为止,这时宽度卡尺上的读数为齿厚。

齿轮在分度圆处弦齿高 $\bar{h}$ 与弦齿厚 $\bar{s}$ 的公称值按下式计算:

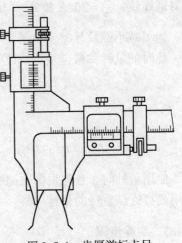

图 3.5.1　齿厚游标卡尺

$$\bar{h} = m\left[1 + \frac{z}{2}\left(1 - \cos\frac{90°}{z}\right)\right] + (R'_e - R_e)$$

$$\bar{s} = m \cdot z \cdot \sin\frac{90°}{z} \qquad (3.5.1)$$

式中,m 为模数,mm;z 为齿数;R_e 为理论齿顶圆半径,mm;R'_e 为实际齿顶圆半径,mm。

3.5.4　实验步骤

(1) 用外径千分尺测出实际齿顶圆直径(要求齿数为偶数)。

(2) 计算被测量圆柱直齿轮的齿顶高 $\bar{h}$ 和齿厚 $\bar{s}$;将高度卡尺读数调整到齿顶高,然后紧固,并与齿轮顶面接触。

(3) 移动宽度卡尺至两量爪与齿面接触为止,读出宽度卡尺上的读数即为齿厚。

(4) 在齿轮均匀分布的四个位置上的测量,分别用实际齿厚减去公称齿厚,即为个齿的齿厚实际偏差 ΔE_s,这些值都应在齿厚上下偏差 E_{ss}、E_{si} 之间。

3.5.5　思考题

简要分析齿顶圆直径大小对测量结果的影响,并说明如何消除此影响。

3.6　齿轮公法线平均长度偏差及公法线长度变动测量

3.6.1　实验目的

(1) 掌握公法线长度测量的基本方法。
(2) 加深理解公法线平均长度偏差及公法线长度变动两项指标的意义。

3.6.2　仪器和器材

公法线千分尺。

3.6.3 量仪说明和测量原理

公法线长度 W 是指基圆切线与齿轮上两异名齿廓交点间的距离。公法线平均长度偏差 ΔE_{wm} 是指在齿轮一周范围内，公法线长度平均值 $\overline{W}$ 与公称值 W 之差，即 $\Delta E_{wm} = \overline{W} - W$。图 3.6.1 为公法线千分尺测量示意图，由图 3.6.1 知，当被测齿轮齿厚发生变化时，公法线长度也相应发生变化。因此公法线平均长度偏差 ΔE_{wm} 是评定齿侧间隙的一个指标。取公法线长度平均值是为消除运动偏心对公法线长度的影响。

公法线长度变动 ΔF_w 是指在齿轮一周范围内，实际公法线长度的最大值 W_{max} 与 W_{min} 之差，即 $\Delta F_w = W_{max} - W_{min}$。齿轮运动偏心越大，公法线长度变动也越大，公法线长度变动 ΔF_w 与运动偏心 e_K 的关系为：$\Delta F_w = 4e_K \sin\alpha$，其中 α 为齿形角。

公法线测量可采用具有两个平行测量面，且能插入被测齿轮相隔一定齿数的齿槽中的量具或仪器，如公法线千分尺、万能测齿仪等。在大批量生产中，还可以采用公法线极限量规进行测量。图 3.6.1 中

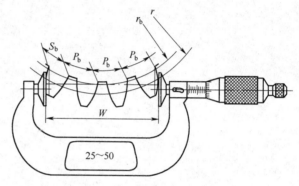

图 3.6.1 公法线千分尺测量示意图

千分尺的结构、使用方法及读数原理同普通千分尺，只是测量面制成盘形，以便于伸入齿间进行测量。

3.6.4 实验步骤

（1）测量公法线长度时，其公法线公称长度 W、跨齿数 n 的计算：

$$W = m\cos\alpha\left[\pi/2(2n-1) + 2\xi \cdot \tan\alpha + z\,\mathrm{inv}\alpha\right] \tag{3.6.1}$$

式中，m 为模数；inv 为渐开线函数；α 为齿形角；ξ 为变位系数；z 为被测齿轮齿数。对于标准直齿轮（$\xi = 0$，$\alpha = 20°$）则有：

$$W = m\left[1.476(2n-1) + 0.014z\right] \tag{3.6.2}$$

$$n \approx Z/9 + 0.5 \tag{3.6.3}$$

$$n \approx 0.111 + 0.5$$

其中 n 取成最接近计算值的整数，也可按表 3.6.1 选取。

表 3.6.1 被测齿轮齿数 z 与跨齿数 n 对应表

z	11~18	19~27	28~36	37~45	46~54
n	2	3	4	5	6
z	55~63	64~72	73~81	82~90	91~99
n	7	8	9	10	11

（2）测量方法：

首先用标准量棒校对所用千分尺的零位。根据跨齿数 n 按图 3.6.1 所示对被测齿轮逐

齿测量或沿齿圈均布测量六条公法线长度，取最大值 W_{max} 与 W_{min} 之差为公法线长度变动 ΔF_w；测量列三个对称位置上测量值的平均值 $\overline{W}$ 与公称值 W 之差为公法线平均长度偏差 ΔE_{wm}。

注意：为保证测量结果准确，测量时应轻摆千分尺，取最小读数值，要正确使用棘轮机构，以控制测量力。

3.6.5 思考题

ΔF_w、ΔE_{wm} 对齿轮使用要求有何影响，二者有何区别？

机械工程测试技术基础

4.1 应变片单臂电桥性能实验

4.1.1 实验目的

了解电阻应变片的工作原理与应用并掌握应变片测量电路。

4.1.2 基本原理

电阻应变式传感器是在弹性元件上通过特定工艺粘贴电阻应变片来组成。一种利用电阻材料的应变效应将工程结构件的内部变形转换为电阻变化的传感器。此类传感器主要是通过一定的机械装置将被测量转化成弹性元件的变形，然后由电阻应变片将弹性元件的变形转换成电阻的变化，再通过测量电路将电阻的变化转换成电压或电流变化信号输出。它可用于能转化成变形的各种非电物理量的检测，如力、压力、加速度、力矩、质量等，在机械加工、计量、建筑测量等行业应用十分广泛。

4.1.2.1 应变片的电阻应变效应

具有规则外形的金属导体或半导体材料在外力作用下产生应变，而其电阻值也会产生相应地改变，这一物理现象称为"电阻应变效应"。以圆柱形导体为例，设其长为 L、半径为 r、截面积为 A、材料的电阻率为 ρ，根据电阻的定义式得：

$$R = \rho \frac{L}{A} = \rho \frac{L}{\pi r^2} \tag{4.1.1}$$

当导体因某种原因产生应变时，其长度 L、截面积 A 和电阻率 ρ 的变化为 dL、dA、$d\rho$，相应的电阻变化为 dR。对式（4.1.1）全微分得电阻变化率 dR/R 为：

$$\frac{dR}{R} = \frac{dL}{L} - 2\frac{dr}{r} + \frac{d\rho}{\rho} \tag{4.1.2}$$

式中，dL/L 为导体的轴向应变量 ε_L；dr/r 为导体的横向应变量 ε_r。

由材料力学得：

$$\varepsilon_r = -\mu\varepsilon_L \tag{4.1.3}$$

式中，μ 为材料的泊松比，大多数金属材料的泊松比为 0.3~0.5 左右；负号表示两者的变化方向相反。将式（4.1.3）代入式（4.1.2）得：

$$\frac{dR}{R} = (1 + 2\mu)\varepsilon_L + \frac{d\rho}{\rho} \tag{4.1.4}$$

式（4.1.4）说明电阻应变效应主要取决于它的几何应变（几何效应）和本身特有的导电性能（压阻效应）。

4.1.2.2　应变灵敏度

应变灵敏度是指电阻应变片在单位应变作用下所产生的电阻的相对变化量。

（1）金属导体的应变灵敏度 K。主要取决于其几何效应，可取

$$\frac{\mathrm{d}R}{R} \approx (1 + 2\mu)\varepsilon_L \qquad (4.1.5)$$

其灵敏度系数为：

$$K = \frac{\mathrm{d}R}{\varepsilon_L R} = 1 + 2\mu$$

金属导体在受到应变作用时将产生电阻的变化，拉伸时电阻增大，压缩时电阻减小，且与其轴向应变成正比。金属导体的电阻应变灵敏度一般在 2 左右。

（2）半导体的应变灵敏度。主要取决于其压阻效应；$\mathrm{d}R/R \propto \mathrm{d}\rho/\rho$。半导体材料之所以具有较大的电阻变化率，是因为它有远比金属导体显著得多的压阻效应。在半导体受力变形时会暂时改变晶体结构的对称性，因而改变了半导体的导电机理，使得它的电阻率发生变化，这种物理现象称之为半导体的压阻效应。不同材质的半导体材料在不同受力条件下产生的压阻效应不同，可以是正（使电阻增大）的或负（使电阻减小）的压阻效应。也就是说，同样是拉伸变形，不同材质的半导体将得到完全相反的电阻变化效果。

半导体材料的电阻应变效应主要体现为压阻效应，其灵敏度系数较大，一般在 100~200 左右。

4.1.2.3　贴片式应变片应用

在贴片式工艺的传感器上普遍应用金属箔式应变片，贴片式半导体应变片（温漂、稳定性、线性度不好而且易损坏）很少应用。一般半导体应变采用 N 型单晶硅为传感器的弹性元件，在它上面直接蒸镀扩散出半导体电阻应变薄膜（扩散出敏感栅），制成扩散型压阻式（压阻效应）传感器。

本实验以金属箔式应变片为研究对象。

4.1.2.4　箔式应变片的基本结构

金属箔式应变片是在用苯酚、环氧树脂等绝缘材料的基板上，粘贴直径为 0.025mm 左右的金属丝或金属箔制成，如图 4.1.1 所示。

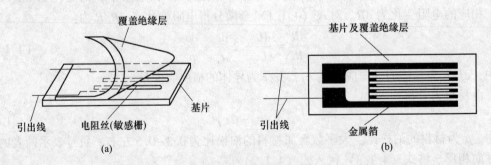

图 4.1.1　应变片结构图
（a）丝式应变片；（b）箔式应变片

金属箔式应变片就是通过光刻、腐蚀等工艺制成的应变敏感元件，与丝式应变片工作原理相同。电阻丝在外力作用下发生机械变形时，其电阻值发生变化，这就是电阻应变效

应, 描述电阻应变效应的关系式为:

$$\Delta R/R = K\varepsilon$$

式中, $\Delta R/R$ 为电阻丝电阻相对变化; K 为应变灵敏系数; $\varepsilon = \Delta L/L$ 为电阻丝长度相对变化。

4.1.2.5 测量电路

为了将电阻应变式传感器的电阻变化转换成电压或电流信号, 在应用中一般采用电桥电路作为其测量电路。电桥电路具有结构简单、灵敏度高、测量范围宽、线性度好且易实现温度补偿等优点, 能较好地满足各种应变测量要求, 因此在应变测量中得到了广泛的应用。

电桥电路按其工作方式分有单臂、双臂和全桥三种, 单臂工作输出信号最小、线性、稳定性较差; 双臂输出是单臂的两倍, 性能比单臂有所改善; 全桥工作时的输出是单臂时的四倍, 性能最好。因此, 为了得到较大的输出电压信号一般都采用双臂或全桥工作。基本电路如图 4.1.2 所示。

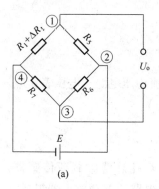
(a)

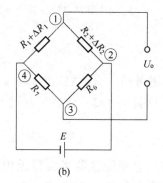
(b)

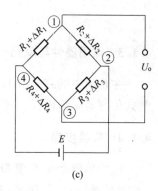
(c)

图 4.1.2 应变片测量电路
(a) 单臂; (b) 双臂; (c) 全桥

(1) 单臂:

$$
\begin{aligned}
U_o &= U_① - U_③ \\
&= [(R_1+\Delta R_1)/(R_1+\Delta R_1+R_5) - R_7/(R_7+R_6)]E \\
&= \{[(R_7+R_6)(R_1+\Delta R_1) - R_7(R_5+R_1+\Delta R_1)]/[(R_5+R_1+\Delta R_1)(R_7+R_6)]\}E
\end{aligned}
$$

设 $R_1 = R_5 = R_6 = R_7$, 且 $\Delta R_1/R_1 = \Delta R/R \ll 1$, $\Delta R/R = K\varepsilon$, K 为灵敏度系数。

则
$$U_o \approx \frac{1}{4}(\Delta R_1/R_1)E = \frac{1}{4}(\Delta R/R)E = \frac{1}{4}K\varepsilon E$$

(2) 双臂 (半桥):

原理同单臂, 则
$$U_o \approx \frac{1}{2}(\Delta R/R)E = \frac{1}{2}K\varepsilon E$$

(3) 全桥:

原理同单臂, 则
$$U_o \approx (\Delta R/R)E = K\varepsilon E$$

4.1.2.6 箔式应变片单臂电桥实验原理

应变片单臂电桥性能实验原理如图 4.1.3 所示, 图中 R_5、R_6、R_7 为 350Ω 固定电阻, R_1 为应变片; R_{W1} 和 R_8 组成电桥调平衡网络, E 为供桥电源±4V, V_o 为差动放大器输出。

桥路输出电压为:

$$U_o \approx \frac{1}{4}(\Delta R_4/R_4)E = \frac{1}{4}(\Delta R/R)E = (1/4)K\varepsilon E$$

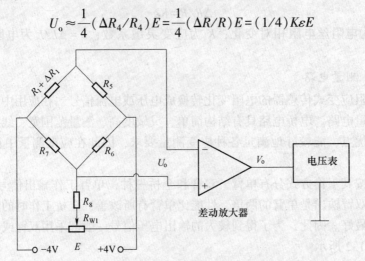

图4.1.3　应变片单臂电桥性能实验原理图

4.1.3　需用器件与单元

　　主机箱中的±2~±10V(步进可调)直流稳压电源、±15V直流稳压电源、电压表;应变式传感器实验模板、托盘、砝码;4(1/2)位数显万用表(自备)。

4.1.4　实验步骤

　　应变传感器实验模板说明:应变传感器实验模板由应变式双孔悬臂梁载荷传感器(称重传感器)、加热器+5V电源输入口、多芯插头、应变片测量电路、差动放大器组成。实验模板中的R_1(传感器的左下)、R_2(传感器的右下)、R_3(传感器的右上)、R_4(传感器的左上)为称重传感器上的应变片输出口;没有文字标记的5个电阻符号是空的无实体,其中4个电阻符号组成电桥模型是为电路初学者组成电桥接线方便而设;R_5、R_6、R_7是350Ω固定电阻,是为应变片组成单臂电桥、双臂电桥(半桥)而设的其他桥臂电阻。加热器+5V是传感器上的加热器的电源输入口,做应变片温度影响实验时用。多芯插头是振动源的振动梁上的应变片输入口,做应变片测量振动实验时用。

　　(1)将托盘安装到传感器上,如图4.1.4所示。

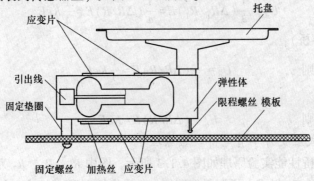

图4.1.4　传感器托盘安装示意图

（2）测量应变片的阻值。测量应变片的阻值示意图如图 4.1.5 所示。当传感器的托盘上无重物时，分别测量应变片 R_1、R_2、R_3、R_4 的阻值。在传感器的托盘上放置 10 只砝码后再分别测量 R_1、R_2、R_3、R_4 的阻值变化，分析应变片的受力情况（受拉的应变片，阻值变大；受压的应变片，阻值变小）。

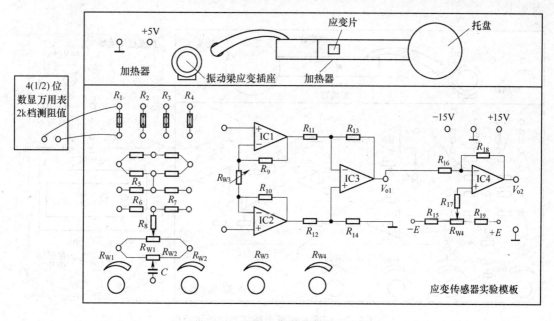

图 4.1.5 测量应变片的阻值示意图

（3）实验模板中的差动放大器调零。按图 4.1.6 示意接线，将主机箱上的电压表量程切换开关切换到 2V 档，检查接线无误后合上主机箱电源开关；调节放大器的增益电位器 R_{W3} 合适位置（先顺时针轻轻转到底，再逆时针回转 1 圈）后，再调节实验模板放大器的调零电位器 R_{W4}，使电压表显示为零。

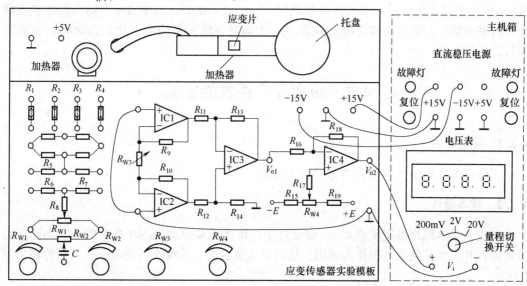

图 4.1.6 差动放大器调零接线示意图

（4）应变片单臂电桥实验。关闭主机箱电源，按图4.1.7示意图接线，将±2～±10V可调电源调节到±4V档。检查接线无误后合上主机箱电源开关，调节实验模板上的桥路平衡电位器 R_{W1}，使主机箱电压表显示为零；在传感器的托盘上依次增加放置一只20g砝码（尽量靠近托盘的中心点放置），读取相应的数显表电压值，记下实验数据填入表4.1.1。

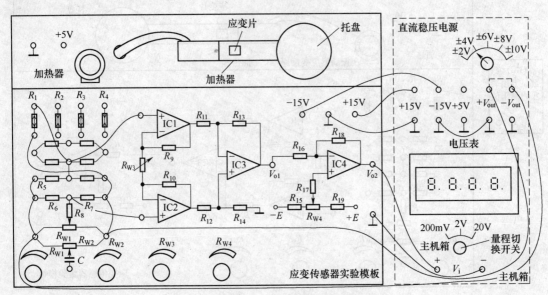

图4.1.7　应变片单臂电桥实验接线示意图

表4.1.1　应变片单臂电桥性能实验数据

质量/g	0									
电压/mV	0									

（5）根据表4.1.1数据作出曲线并计算系统灵敏度 $S = \Delta V / \Delta W$（ΔV 为输出电压变化量，ΔW 为质量变化量）和非线性误差 δ，$\delta = \Delta m / y_{FS} \times 100\%$，式中 Δm 为输出值（多次测量时为平均值）与拟合直线的最大偏差，y_{FS} 为满量程输出平均值，此处为200g。实验完毕后，关闭电源。

4.2　应变片半桥性能实验

4.2.1　实验目的

了解应变片半桥（双臂）工作特点及性能。

4.2.2　基本原理

应变片基本原理参阅实验4.1。应变片半桥特性实验原理如图4.2.1所示。不同应力方向的两片应变片接入电桥作为邻边，输出灵敏度提高，非线性得到改善。其桥路输出电压 $U_o \approx \dfrac{1}{2}(\Delta R/R)E = \dfrac{1}{2}K\varepsilon E$。

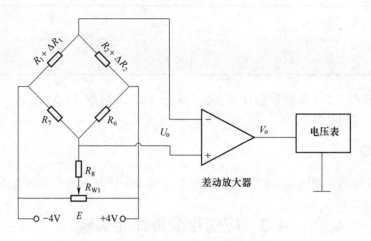

图 4.2.1 应变片半桥特性实验原理图

4.2.3 需用器件与单元

主机箱中的±2～±10V（步进可调）直流稳压电源、±15V 直流稳压电源、电压表；应变式传感器实验模板、托盘、砝码。

4.2.4 实验步骤

（1）按实验4.1（单臂电桥性能实验）中的步骤（1）和步骤（3）实验。

（2）关闭主机箱电源，除将图4.1.7改成图4.2.2示意图接线外，其他按实验4.1中的步骤（4）实验。读取相应的数显表电压值，填入表4.2.1中。

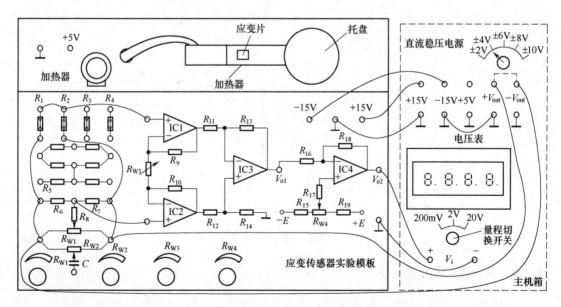

图 4.2.2 应变片半桥特性实验接线示意图

表 4.2.1　应变片半桥实验数据

质量/g	0						
电压/mV	0						

（3）根据表 4.2.1 实验数据作出实验曲线，计算灵敏度 $S = \Delta V / \Delta W$，非线性误差 δ。实验完毕后，关闭电源。

4.2.5　思考题

半桥测量时两片不同受力状态的电阻应变片接入电桥时，应作为对边还是邻边？

4.3　应变片全桥性能实验

4.3.1　实验目的

了解应变片全桥工作特点及性能。

4.3.2　基本原理

应变片基本原理参阅实验 4.1。应变片全桥特性实验原理如图 4.3.1 所示。应变片全桥测量电路中，将应力方向相同的两应变片接入电桥对边，相反的应变片接入电桥邻边。当应变片初始阻值：$R_1 = R_2 = R_3 = R_4$，其变化值 $\Delta R_1 = \Delta R_2 = \Delta R_3 = \Delta R_4$ 时，其桥路输出电压 $U_o \approx (\Delta R / R)E = K\varepsilon E$。其输出灵敏度比半桥又提高了一倍，非线性得到改善。

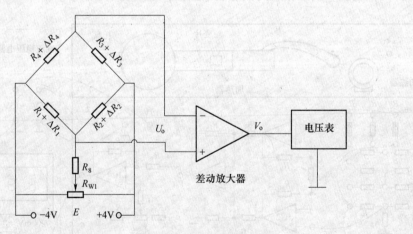

图 4.3.1　应变片全桥特性实验电路图

4.3.3　需用器件和单元

主机箱中的 $\pm 2 \sim \pm 10V$（步进可调）直流稳压电源、$\pm 15V$ 直流稳压电源、电压表；应变式传感器实验模板、托盘、砝码。

4.3.4　实验步骤

实验步骤与方法（除了按图4.3.2示意接线外）参照实验4.2，将实验数据填入表4.3.1中，作出实验曲线并进行灵敏度和非线性误差计算。实验完毕后，关闭电源。

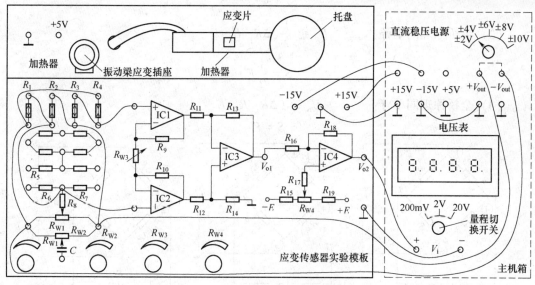

图4.3.2　应变片全桥性能实验接线示意图

表4.3.1　全桥性能实验数据

质量/g	0									
电压/mV	0									

4.3.5　思考题

测量中，当两组对边（R_1、R_3为对边）电阻值R相同时，即$R_1 = R_3$，$R_2 = R_4$，而$R_1 \neq R_2$时，是否可以组成全桥?

4.4　应变片单臂、半桥、全桥性能比较

4.4.1　实验目的

比较单臂、半桥、全桥输出时的灵敏度和非线性度，得出相应的结论。

4.4.2　基本原理

应变电桥如图4.4.1所示。

（1）单臂：$U_o = U_① - U_③$

$$= [(R_1 + \Delta R_1)/(R_1 + \Delta R_1 + R_2) - R_4/(R_3 + R_4)]E$$

$$= [(1 + \Delta R_1/R_1)/(1 + \Delta R_1/R_1 + R_2/R_2) - (R_4/R_3)/(1 + R_4/R_3)]E$$

设 $R_1 = R_2 = R_3 = R_4$，且 $\Delta R_1/R_1 \ll 1$。

$$U_o \approx \frac{1}{4}(\Delta R_1/R_1)E$$

所以电桥的电压灵敏度：$S = U_o/(\Delta R_1/R_1) \approx kE = \frac{1}{4}E$

（2）半桥原理同单臂：　　$U_o \approx \frac{1}{2}(\Delta R_1/R_1)E$

$$S = \frac{1}{2}E$$

（3）全桥原理同单臂：　　$U_o \approx (\Delta R_1/R_1)E$

$$S = E$$

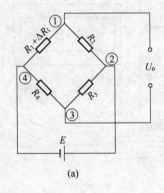 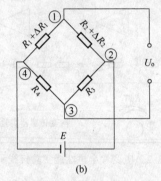 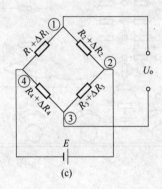

图 4.4.1　应变电桥
（a）单臂；（b）半桥；（c）全桥

4.4.3　需用器件与单元

主机箱中的 ±2～±10V（步进可调）直流稳压电源、±15V 直流稳压电源、电压表；应变式传感器实验模板、托盘、砝码。

4.4.4　实验步骤

根据实验 4.1、4.2、4.3 所得的单臂、半桥和全桥输出时的灵敏度和非线性度，从理论上进行分析比较。经实验验证阐述出现此种实验结果的理由（注意：实验 4.1、4.2、4.3 中的放大器增益必须相同）。实验完毕后，关闭电源。

4.5　应变片直流全桥的应用——电子秤实验

4.5.1　实验目的

了解应变直流全桥的应用及电路的标定。

4.5.2　基本原理

常用的称重传感器就是应用了箔式应变片及其全桥测量电路。数字电子秤实验原理如

图 4.5.1 所示。本实验只做放大器输出 V_o 实验，通过对电路的标定使电路输出的电压值为质量对应值，电压量纲（V）改为质量量纲（g）即成为一台原始电子秤。

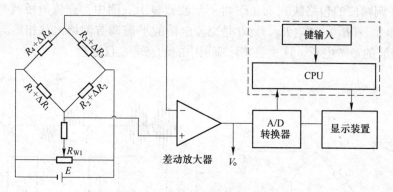

图 4.5.1　数字电子秤原理框图

4.5.3　需用器件与单元

主机箱中的 ±2~±10V（步进可调）直流稳压电源、±15V 直流稳压电源、电压表；应变式传感器实验模板、托盘、砝码。

4.5.4　实验步骤

（1）按实验 4.1 中的步骤（1）和（3）实验。

（2）关闭主机箱电源，按图 4.3.2（应变片全桥性能实验接线示意图）示意接线，将 ±2~±10V 可调电源调节到 ±4V 档。检查接线无误后合上主机箱电源开关，调节实验模板上的桥路平衡电位器 R_{W1}，使主机箱电压表显示为零。

（3）将 10 只砝码全部置于传感器的托盘上，调节电位器 R_{W3}（增益即满量程调节）使数显表显示为 0.200V（2V 档测量）。

（4）拿去托盘上的所有砝码，调节电位器 R_{W4}（零位调节）使数显表显示为 0.000V。

（5）重复步骤（3）、（4）的标定过程，一直到精确为止，把电压量纲 V 改为质量量纲 g，将砝码依次放在托盘上称重，放上笔、钥匙之类的小东西称一下质量。实验完毕后，关闭电源。

4.6　应变片交流全桥的应用（应变仪）——振动测量实验

4.6.1　实验目的

了解利用应变交流电桥测量振动的原理与方法。

4.6.2　基本原理

图 4.6.1 是应变片测振动的实验原理方块图。当振动源上的振动台受到 $F(t)$ 作用而振动，使粘贴在振动梁上的应变片产生应变信号 dR/R，应变信号 dR/R 由振荡器提供的

载波信号经交流电桥调制成微弱调幅波，再经差动放大器放大为 $u_1(t)$，$u_1(t)$ 经相敏检波器检波解调为 $u_2(t)$，$u_2(t)$ 经低通滤波器滤除高频载波成分后输出应变片检测到的振动信号 $u_3(t)$（调幅波的包络线），$u_3(t)$ 可用示波器显示。图中，交流电桥就是一个调制电路，$W_1(R_{W1})$、$r(R_8)$、$W_2(R_{W2})$、C 是交流电桥的平衡调节网络，移相器为相敏检波器提供同步检波的参考电压。这也是实际应用中的动态应变仪原理。

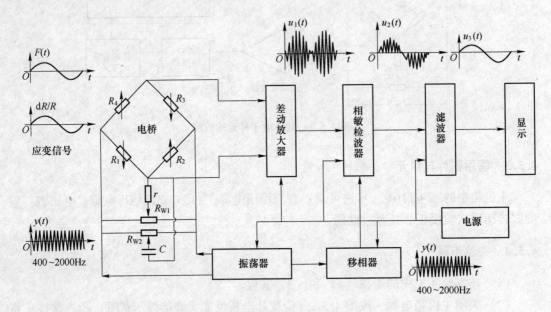

图 4.6.1　应变仪实验原理方块图

4.6.3　需用器件与单元

主机箱中的 ±2~±10V（步进可调）直流稳压电源、±15V 直流稳压电源、音频振荡器、低频振荡器；应变式传感器实验模板、移相器/相敏检波器/低通滤波器模板、振动源、双踪示波器（自备）、万用表（自备）。

4.6.4　实验步骤

（1）相敏检波器电路调试。正确选择双线（双踪）示波器的"触发"方式及其他设置（提示：触发源选择内触发 CH1、水平扫描速度 TIME/DIV 在 0.1ms~10μs 范围内选择、触发方式选择 AUTO。垂直显示方式为双踪显示 DUAL、垂直输入耦合方式选择直流耦合 DC、灵敏度 VOLTS/DIV 在 1~5V 范围内选择，并将光迹线居中（当 CH1、CH2 输入对地短接时）。调节音频振荡器的幅度为最小（幅度旋钮逆时针轻轻转到底），将 ±2~±10V 可调电源调节到 ±2V 档。按图 4.6.2 示意接线，检查接线无误后合上主机箱电源开关，调节音频振荡器频率 $f=1\text{kHz}$，峰峰值 $V_{p-p}=5\text{V}$（用示波器测量）；调节相敏检波器的电位器钮使示波器显示幅值相等、相位相反的两个波形（相敏检波器电路已调整完毕，以后不要触碰这个电位器钮）。相敏检波器电路调试完毕，关闭电源。

（2）将主机箱上的音频振荡器、低频振荡器的幅度逆时针缓慢转到底（无输出），再

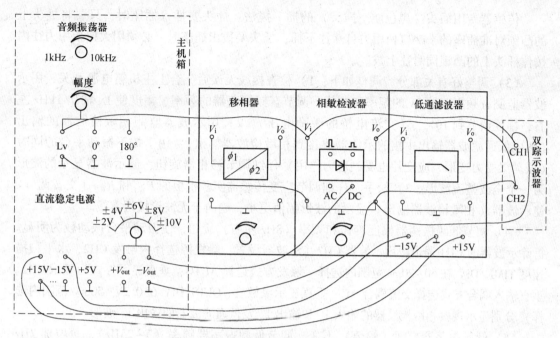

图 4.6.2 相敏检波器电路调试接线示意图

按图 4.6.3 示意接线。接好交流电桥调平衡电路及系统，应变传感器实验模板中的 R_8、R_{W1}、C、R_{W2} 为交流电桥调平衡网络，将振动源上的应变输出插座用专用连接线与应变传感器实验模板上的应变插座相连，因振动梁上的四片应变片已组成全桥，引出线为四芯线，直接接入实验模板上已与电桥模型相连的应变插座上。电桥模型两组对角线阻值均为 350Ω，可用万用表测量。

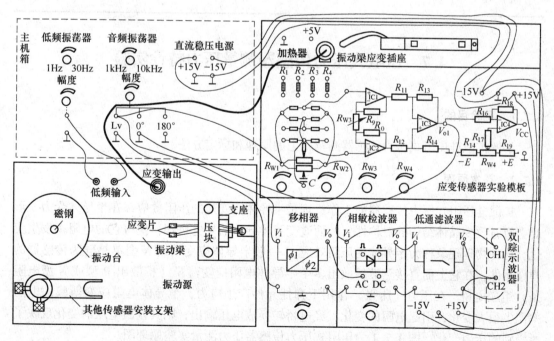

图 4.6.3 应变交流全桥振动测量实验接线示意图

传感器专用插头（黑色航空插头）的插、拔法：插头要插入插座时，只要将插头上的凸锁对准插座的平缺口稍用力自然往下插；插头要拔出插座时，必须用大拇指用力往内按住插头上的凸锁同时往上拔。

（3）调整好有关部分。调整如下：1）检查接线无误后，合上主机箱电源开关，用示波器监测音频振荡器 Lv 的频率和幅值，调节音频振荡器的频率、幅度使 Lv 输出 1kHz 左右，幅度调节到 $10V_{p-p}$（交流电桥的激励电压）。2）用示波器监测相敏检波器的输出（图中低通滤波器输出中接的示波器改接到相敏检波器输出），用手按下振动平台的同时（振动梁受力变形、应变片也受到应力作用）仔细调节移相器旋钮，使示波器显示的波形为一个全波整流波形。3）松手，仔细调节应变传感器实验模板的 R_{W1} 和 R_{W2}（交替调节）使示波器（相敏检波器输出）显示的波形幅值更小，趋向于无波形接近零线。

（4）调节低频振荡器幅度旋钮和频率（8Hz 左右）旋钮，使振动平台振动较为明显。拆除示波器的 CH1 通道，用示波器 CH2（示波器设置：触发源选择内触发 CH2、水平扫描速度 TIME/DIV 在 50~20ms 范围内选择、触发方式选择 AUTO；垂直显示方式为显示 CH2、垂直输入耦合方式选择交流耦合 AC、垂直显示灵敏度 VOLTS/DIV 在 0.2V~50mV 范围内选择）分别显示观察相敏检波器的输入 V_i 和输出 V_o 及低通滤波器的输出 V_o 波形。

（5）低频振荡器幅度（幅值）不变，调节低频振荡器频率（3~25Hz），每增加 2Hz 用示波器读出低通滤波器输出 V_o 的电压峰–峰值，填入表 4.6.1，画出实验曲线，从实验数据得振动梁的谐振频率为_____。实验完毕后，关闭电源。

表 4.6.1　应变交流全桥振动测量实验数据

f/Hz									
V_o(p-p)/mV									

4.7　压阻式压力传感器测量压力特性实验

4.7.1　实验目的

了解扩散硅压阻式压力传感器测量压力的原理和标定方法。

4.7.2　基本原理

扩散硅压阻式压力传感器的工作机理是半导体应变片的压阻效应，在半导体受力变形时会暂时改变晶体结构的对称性，因而改变了半导体的导电机理，使得它的电阻率发生变化，这种物理现象称为半导体的压阻效应。一般半导体应变采用 N 型单晶硅为传感器的弹性元件，在它上面直接蒸镀扩散出多个半导体电阻应变薄膜（扩散出 P 型或 N 型电阻条）组成电桥。在压力（压强）作用下弹性元件产生应力，半导体电阻应变薄膜的电阻率产生很大变化，引起电阻的变化，经电桥转换成电压输出，则其输出电压的变化反映了所受到的压力变化。图 4.7.1 为压阻式压力传感器压力测量实验原理图。

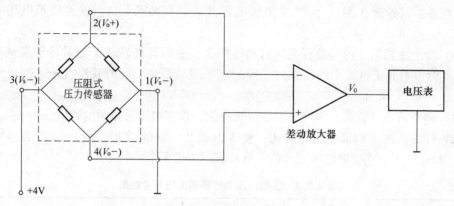

图4.7.1 压阻式压力传感器压力测量实验原理图

4.7.3 需用器件与单元

主机箱中的气压表、气源接口、电压表、直流稳压电源±15V、直流稳压电源±2～±10V（步进可调）；压阻式压力传感器、压力传感器实验模板、引压胶管。

4.7.4 实验步骤

（1）按图4.7.2示意安装传感器、连接引压管和电路。将压力传感器安装在压力传感器实验模板的传感器支架上；引压胶管一端插入主机箱面板上的气源的快速接口中（注意管子拆卸时请用双指按住气源快速接口边缘往内压，则可轻松拉出），另一端口与压力传感器相连；压力传感器引线为4芯线（专用引线），压力传感器的1端接地，2端为输出V_o+，3端接电源+4V，4端为输出V_o-。具体接线见图4.7.2。

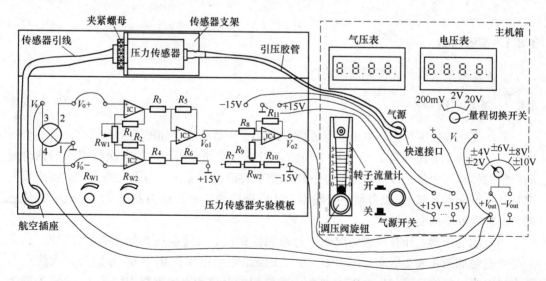

图4.7.2 压阻式压力传感器测压实验安装、接线示意图

（2）将主机箱中电压表量程切换开关切换到2V档；可调电源±2～±10V调节到±4V档。实验模板上R_{W1}用于调节放大器增益、R_{W2}用于调零，将R_{W1}调节到1/3的位置（即逆时

针旋到底再顺时针旋 3 圈）。合上主机箱电源开关，仔细调节 R_{W2} 使主机箱电压表显示为零。

（3）合上主机箱上的气源开关，启动压缩泵，逆时针旋转转子流量计下端调压阀的旋钮，此时可看到流量计中的滚珠向上浮起悬于玻璃管中，同时观察气压表和电压表的变化。

（4）调节流量计旋钮，使气压表显示某一值，观察电压表显示的数值。

（5）仔细地逐步调节流量计旋钮，使压力在 2~18kPa 之间变化（气压表显示值），每上升 1kPa 气压分别读取电压表读数，将数值列于表 4.7.1。

表 4.7.1　压阻式压力传感器测压实验数据

p/kPa								
$V_o(p\text{-}p)/mV$								

（6）画出实验曲线，计算本系统的灵敏度和非线性误差。

（7）如果本实验装置要成为一个压力计，则必须对电路进行标定，方法采用逼近法。输入 4kPa 气压，调节 R_{W2}（低限调节），使电压表显示 0.3V（有意偏小），当输入 16kPa 气压，调节 R_{W1}（高限调节）使电压表显示 1.3V（有意偏小）；再调气压为 4kPa，调节 R_{W2}（低限调节），使电压表显示 0.35V（有意偏小），调气压为 16kPa，调节 R_{W1}（高限调节）使电压表显示 1.4V（有意偏小）；这个过程反复调节直到逼近自己的要求（4kPa 对应 0.4V，16kPa 对应 1.6V）即可。实验完毕后，关闭电源。

4.8　差动变压器的性能实验

4.8.1　实验目的

了解差动变压器的工作原理和特性。

4.8.2　基本原理

差动变压器的工作原理电磁互感原理。差动变压器的结构如图 4.8.1 所示，由一个一次绕组 1 和两个二次绕组 2、3 及一个衔铁 4 组成。差动变压器一、二次绕组间的耦合能随衔铁的移动而变化，即绕组间的互感随被测位移改变而变化。由于把两个二次绕组反向串接（·同名端相接），以差动电势输出，所以把这种传感器称为差动变压器式电感传感器，通常简称差动变压器。

当差动变压器工作在理想情况下（忽略涡流损耗、磁滞损耗和分布电容等影响），它的等效电路如图 4.8.2 所示。图中 U_1 为一次绕组激励电压；M_1、M_2 分别为一次绕组与两个二次绕组间的互感；L_1、R_1 分别为一次绕组的电感和有效电阻；L_{21}、L_{22} 分别为两个二次绕组的电感；R_{21}、R_{22} 分别为两个二次绕组的有效电阻。对于差动变压器，当衔铁处于中间位置时，两个二次绕组互感相同，因而由一次侧激励引起的感应电动势相同。由于两个二次绕组反向串接，所以差动输出电动势为零。当衔铁移向二次绕组 L_{21}，这时互感

M_1 大，M_2 小，因而二次绕组 L_{21} 内感应电动势大于二次绕组 L_{22} 内感应电动势，这时差动输出电动势不为零。在传感器的量程内，衔铁位移越大，差动输出电动势就越大。同样道理，当衔铁向二次绕组 L_{22} 一边移动差动输出电动势仍不为零，但由于移动方向改变，所以输出电动势反相。因此通过差动变压器输出电动势的大小和相位可以知道衔铁位移量的大小和方向。

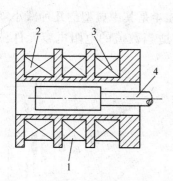

图 4.8.1 差动变压器的结构示意图

1——一次绕组；2，3—二次绕组；4—衔铁

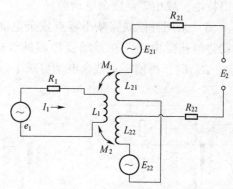

图 4.8.2 差动变压器的等效电路图

由图 4.8.2 可以看出一次绕组的电流为：

$$\dot{I}_1 = \frac{\dot{U}_1}{R_1 + j\omega L_1}$$

二次绕组的感应动势为：

$$\dot{E}_{21} = -j\omega M_1 \dot{I}_1 \qquad \dot{E}_{22} = -j\omega M_2 \dot{I}_1$$

由于二次绕组反向串接，所以输出总电动势为：

$$\dot{E}_2 = -j\omega (M_1 - M_2) \frac{\dot{U}_1}{R_1 + j\omega L_1}$$

其有效值为：

$$E_2 = \frac{\omega (M_1 - M_2) U_1}{\sqrt{R_1^2 + (\omega L_1)^2}}$$

差动变压器的输出特性曲线如图 4.8.3 所示。图中 $\dot{E}_{21}$、$\dot{E}_{22}$ 分别为两个二次绕组的输出感应电动势，$\dot{E}_2$ 为差动输出电动势，x 表示衔铁偏离中心位置的距离。其中 $\dot{E}_2$ 的实线表示理想的输出特性，而虚线部分表示实际的输出特性。$\dot{E}_0$ 为零点残余电动势，这是由于差动变压器制作上的不对称以及铁心位置等因素所造成的。零点残余电动势的存在，

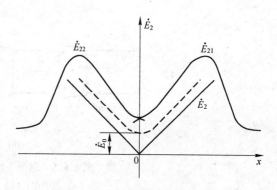

图 4.8.3 差动变压器输出特性

使得传感器的输出特性在零点附近不灵敏，给测量带来误差，此值的大小是衡量差动变压器性能好坏的重要指标。为了减小零点残余电动势可采取以下方法：

（1）尽可能保证传感器几何尺寸、线圈电气参数及磁路的对称。磁性材料要经过处理，消除内部的残余应力，使其性能均匀稳定。

（2）选用合适的测量电路，如采用相敏整流电路。既可判别衔铁移动方向又可改善输出特性，减小零点残余电动势。

（3）采用补偿线路减小零点残余电动势。图 4.8.4 是其中典型的几种减小零点残余电动势的补偿电路。在差动变压器的线圈中串、并适当数值的电阻电容元件，当调整 R_{W1}、R_{W2} 时，可使零点残余电动势减小。

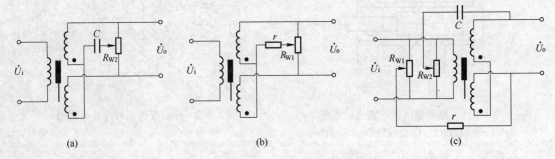

图 4.8.4 减小零点残余电动势电路

4.8.3 需用器件与单元

主机箱中的 ±15V 直流稳压电源、音频振荡器；差动变压器、差动变压器实验模板、测微头、双踪示波器。

4.8.4 实验步骤

首先测微头的组成与使用，介绍测微头组成和读数如图 4.8.5 所示。

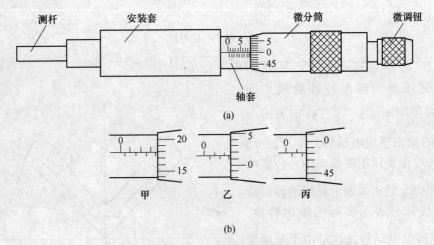

图 4.8.5 测微头组成与读数

（a）组成图；（b）读数示例

测微头组成:测微头由不可动部分(安装套、轴套)和可动部分(测杆、微分筒、微调钮)组成。测微头的安装套便于在支架座上固定安装,轴套上的主尺有两排刻度线,标有数字的是整毫米刻线(1mm/格),另一排是半毫米刻线(0.5mm/格);微分筒前部圆周表面上刻有50等分的刻线(0.01mm/格)。用手旋转微分筒或微调钮时,测杆就沿轴线方向进退。微分筒每转过1格,测杆沿轴方向移动微小位移0.01mm,这也叫测微头的分度值。

测微头的读数:测微头的读数方法是先读轴套主尺上露出的刻度数值,注意半毫米刻线;再读与主尺横线对准微分筒上的数值,可以估读1/10分度,如图4.8.5(b)中甲读数为3.678mm,不是3.178mm;遇到微分筒边缘前端与主尺上某条刻线重合时,应看微分筒的示值是否过零,如图4.8.5(b)中乙已过零则读2.514mm;如图4.8.5(b)中丙未过零,则不应读为2mm,读数应为1.980mm。

测微头使用:测微头在实验中是用来产生位移并指示出位移量的工具。一般测微头在使用前,首先转动微分筒到10mm处(为了保留测杆轴向前、后位移的余量),再将测微头轴套上的主尺横线面向自己安装到专用支架座上,移动测微头的安装套(测微头整体移动),使测杆与被测体连接并使被测体处于合适位置(视具体实验而定),再拧紧支架座上的紧固螺钉。当转动测微头的微分筒时,被测体就会随测杆而位移。

实验步骤如下:

(1)差动变压器、测微头及实验模板按图4.8.6示意安装、接线。实验模板中的 L_1 为差动变压器的初级线圈,L_2、L_3 为次级线圈,*号为同名端;L_1 的激励电压必须从主机箱中音频振荡器的 Lv 端子引入。检查接线无误后合上主机箱电源开关,调节音频振荡器的频率为4~5kHz、幅度为峰峰值 $V_{p-p}=2V$ 作为差动变压器初级线圈的激励电压(示波器设置提示:触发源选择内触发 CH1,水平扫描速度 TIME/DIV 在 0.1ms~10μs 范围内选择,触发方式选择 AUTO,垂直显示方式为双踪显示 DUAL,垂直输入耦合方式选择交流耦合 AC,CH1 灵敏度 VOLTS/DIV 在 0.5~1V 范围内选择,CH2 灵敏度 VOLTS/DIV 在 0.1V~50mV 范围内选择)。

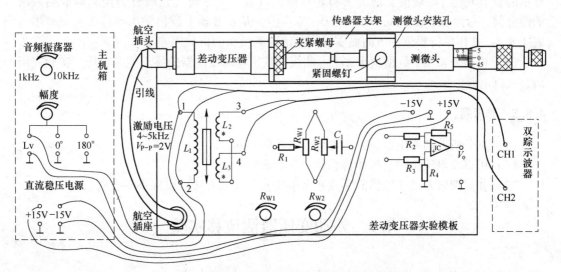

图 4.8.6　差动变压器性能实验安装、接线示意图

(2)差动变压器的性能实验。使用测微头时,当来回调节微分筒使测杆产生位移的

过程中本身存在机械回程差，为消除这种机械回差可用如下 1）、2）两种方法实验，建议用 2）方法，该方法可以检测到差动变压器零点残余电压附近的死区范围。

1）调节测微头的微分筒（0.01mm/小格），使微分筒的 0 刻度线对准轴套的 10mm 刻度线。松开安装测微头的紧固螺钉，移动测微头的安装套使示波器第二通道显示的波形 V_{p-p}（峰峰值）为较小值（越小越好，变压器铁芯大约处在中间位置）时，拧紧紧固螺钉。仔细调节测微头的微分筒使示波器第二通道显示的波形 V_{p-p} 为最小值（零点残余电压），并定为位移的相对零点。这时可假设其中一个方向为正位移，另一个方向位移为负，从 V_{p-p} 最小开始旋动测微头的微分筒，每隔 $\Delta X = 0.2mm$（可取 30 点值）从示波器上读出输出电压 V_{p-p} 值，填入表 4.8.1，再将测微头位移退回到 V_{p-p} 最小处，开始反方向（也取 30 点值）做相同的位移实验。在实验过程中请注意：①从 V_{p-p} 最小处决定位移方向后，测微头只能按所定方向调节位移，中途不允许回调，否则，由于测微头存在机械回差而引起位移误差；所以，实验时每点位移量须仔细调节，绝对不能调节过量，如过量则只好剔除这一点粗大误差继续做下一点实验或者回到零点重新做实验。②当一个方向行程实验结束，做另一方向时，测微头回到 V_{p-p} 最小处时它的位移读数有变化（没有回到原来起始位置）是正常的，做实验时位移取相对变化量 ΔX 为定值，与测微头的起始点定在哪一根刻度线上没有关系，只要中途测微头微分筒不回调就不会引起机械回程误差。

表 4.8.1　差动变压器性能实验数据

$\Delta X/mm$										
V_{p-p}/mV										

2）调节测微头的微分筒（0.01mm/小格），使微分筒的 0 刻度线对准轴套的 10mm 刻度线。松开安装测微头的紧固螺钉，移动测微头的安装套使示波器第二通道显示的波形 V_{p-p}（峰峰值）为较小值（越小越好，变压器铁芯大约处在中间位置）时，拧紧紧固螺钉，再顺时针方向转动测微头的微分筒 12 圈，记录此时的测微头读数和示波器 CH2 通道显示的波形 V_{p-p}（峰峰值）值为实验起点值。以后，反方向（逆时针方向）调节测微头的微分筒，每隔 $\Delta X = 0.2mm$（可取 60~70 点值）从示波器上读出输出电压 V_{p-p} 值，填入表 4.8.1。这样单行程位移方向做实验可以消除测微头的机械回差。

（3）根据表 4.8.1 数据画出 X-V_{p-p} 曲线并找出差动变压器的零点残余电压。实验完毕后，关闭电源。

4.8.5　思考题

（1）试分析差动变压器与一般电源变压器的异同。

（2）用直流电压激励会损坏传感器，为什么？

（3）如何理解差动变压器的零点残余电压？用什么方法可以减小零点残余电压？

4.9　差动变压器测位移实验

4.9.1　实验目的

了解差动变压器测位移时的应用方法。

4.9.2　基本原理

　　差动变压器的工作原理参阅实验4.8（差动变压器性能实验）。差动变压器在应用时要想法消除零点残余电动势和死区，选用合适的测量电路，如采用相敏检波电路，既可判别衔铁移动（位移）方向又可改善输出特性，消除测量范围内的死区。图4.9.1是差动变压器测位移原理框图。

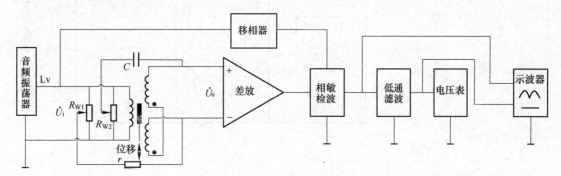

图 4.9.1　差动变压器测位移原理框图

4.9.3　需用器件与单元

　　主机箱中的±2～±10V（步进可调）直流稳压电源、±15V直流稳压电源、音频振荡器、电压表；差动变压器、差动变压器实验模板、移相器/相敏检波器/低通滤波器实验模板；测微头、双踪示波器。

4.9.4　实验步骤

　　（1）相敏检波器电路调试。将主机箱的音频振荡器的幅度调到最小（幅度旋钮逆时针轻轻转到底），将±2～±10V可调电源调节到±2V档，再按图4.9.2示意接线，检查接线无误后合上主机箱电源开关，调节音频振荡器频率$f=5$kHz，峰峰值$V_{p-p}=5$V（用示波器测量，提示：正确选择双踪示波器的"触发"方式及其他设置，触发源选择内触发CH1、水平扫描速度TIME/DIV在0.1ms～10μs范围内选择、触发方式选择AUTO；垂直显示方式为双踪显示DUAL、垂直输入耦合方式选择直流耦合DC、灵敏度VOLTS/DIV在1～5V范围内选择；当CH1、CH2输入对地短接时移动光迹线居中后再去测量波形）。调节相敏检波器的电位器钮使示波器显示幅值相等、相位相反的两个波形。到此，相敏检波器电路已调试完毕，以后不要触碰这个电位器钮。关闭电源。

　　（2）调节测微头的微分筒，使微分筒的0刻度值与轴套上的10mm刻度值对准。按图4.9.3示意图安装、接线。将音频振荡器幅度调节到最小（幅度旋钮逆时针轻转到底）；电压表的量程切换开关切到20V档。检查接线无误后合上主机箱电源开关。

　　（3）调节音频振荡器频率$f=5$kHz、幅值$V_{p-p}=2$V（用示波器监测）。

　　（4）松开测微头安装孔上的紧固螺钉。顺着差动变压器衔铁的位移方向移动测微头的安装套（左、右方向都可以），使差动变压器衔铁明显偏离L_1初级线圈的中点位置，再调节移相器的移相电位器使相敏检波器输出为全波整流波形（示波器CH2的灵敏度VOLTS/

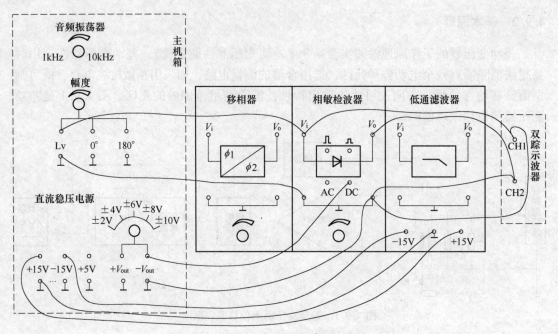

图 4.9.2 相敏检波器电路调试接线示意图

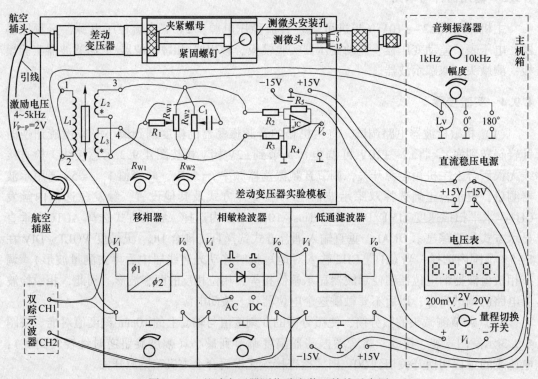

图 4.9.3 差动变压器测位移安装、接线示意图

DIV 在 1V~50mV 范围内选择监测）。再缓慢仔细移动测微头的安装套，使相敏检波器输出波形幅值尽量为最小（尽量使衔铁处在 L_1 初级线圈的中点位置）并拧紧测微头安装孔的紧固螺钉。

（5）调节差动变压器实验模板中的 R_{W1}、R_{W2}（二者配合交替调节）使相敏检波器输出波形趋于水平线（可相应调节示波器量程档观察），并且电压表显示趋于 0V。

（6）调节测微头的微分筒，每隔 $\Delta X = 0.2mm$ 从电压表上读取低通滤波器输出的电压值，填入表 4.9.1。

表 4.9.1 差动变压器测位移实验数据

X/mm			−0.2	0	0.2			
V/mV				0				

（7）根据表 4.9.1 数据作出实验曲线，并截取线性比较好的线段计算灵敏度 $S = \Delta V / \Delta X$ 与线性度及测量范围。实验完毕后关闭电源开关。

4.9.5 思考题

差动变压器输出经相敏检波器检波后是否消除了零点残余电压和死区？从实验曲线上能理解相敏检波器的鉴相特性吗？

4.10 电容式传感器的位移实验

4.10.1 实验目的

了解电容式传感器结构及其特点。

4.10.2 基本原理

（1）原理简述：电容传感器是以各种类型的电容器为传感元件，将被测物理量转换成电容量的变化来实现测量的。电容传感器的输出是电容的变化量。利用电容 $C = \varepsilon A / d$ 关系式通过相应的结构和测量电路可以选择 ε、A、d 三个参数中，保持两个参数不变，而只改变其中一个参数，则可以有测干燥度（ε 变）、测位移（d 变）和测液位（A 变）等多种电容传感器。电容传感器极板形状分成平板、圆板形和圆柱（圆筒）形，虽还有球面形和锯齿形等其他的形状，但一般很少用。本实验采用的传感器为圆柱式变面积差动结构的电容式位移传感器，差动式一般优于单组（单边）式的传感器。它灵敏度高、线性范围宽、稳定性高。如图 4.10.1 所示，它是由两个圆筒和一个圆柱组成的。设圆筒的半径为 R，圆柱的半径为 r，圆柱的长为 x，则电容量为 $C = \varepsilon 2\pi x / \ln(R/r)$。图中 C_1、C_2 是差动连接，当图中的圆柱产生 ΔX 位移时，电容量的变化量为 $\Delta C = C_1 - C_2 = \varepsilon 2\pi 2\Delta X / \ln(R/r)$，式中 $\varepsilon 2\pi$、$\ln(R/r)$ 为常数，说明 ΔC 与 ΔX 位移成正比，配上配套测量电路就能测量位移。

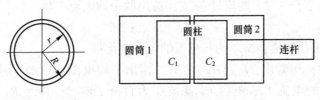

图 4.10.1 实验电容传感器结构

（2）测量电路（电容变换器）：测量电路画在实验模板的面板上。其电路的核心部分是如图4.10.2所示的二极管环形充放电电路。

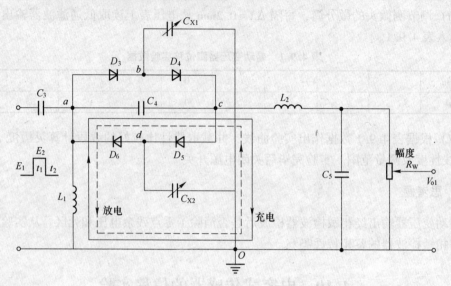

图 4.10.2　二极管环形充放电电路

在图4.10.2中，环形充放电电路由 D_3、D_4、D_5、D_6 二极管、C_4 电容、L_1 电感和 C_{X1}、C_{X2}（实验差动电容位移传感器）组成。

当高频激励电压（$f>100\text{kHz}$）输入到 a 点，由低电平 E_1 跃到高电平 E_2 时，电容 C_{X1} 和 C_{X2} 两端电压均由 E_1 充到 E_2。充电电荷一路由 a 点经 D_3 到 b 点，再对 C_{X1} 充电到 O 点（地）；另一路由 a 点经 C_4 到 c 点，再经 D_5 到 d 点对 C_{X2} 充电到 O 点。此时，D_4 和 D_6 由于反偏置而截止。在 t_1 充电时间内，由 a 到 c 点的电荷量为：

$$Q_1 = C_{X2}(E_2 - E_1) \tag{4.10.1}$$

当高频激励电压由高电平 E_2 返回到低电平 E_1 时，电容 C_{X1} 和 C_{X2} 均放电。C_{X1} 经 b 点、D_4、c 点、C_4、a 点、L_1 放电到 O 点；C_{X2} 经 d 点、D_6、L_1 放电到 O 点。在 t_2 放电时间内由 c 点到 a 点的电荷量为：

$$Q_2 = C_{X1}(E_2 - E_1) \tag{4.10.2}$$

当然，式（4.10.1）和式（4.10.2）是在 C_4 电容值远远大于传感器的 C_{X1} 和 C_{X2} 电容值的前提下得到的结果。电容 C_4 的充放电回路如图4.10.2中实线、虚线箭头所示。

在一个充放电周期内（$T=t_1+t_2$），由 c 点到 a 点的电荷量为：

$$Q = Q_2 - Q_1 = (C_{X1} - C_{X2})(E_2 - E_1) = \Delta C_X \cdot \Delta E \tag{4.10.3}$$

式中，C_{X1} 与 C_{X2} 的变化趋势是相反的（传感器的结构所决定，本实验为差动式传感器）。

设激励电压频率 $f=1/T$，则流过 ac 支路输出的平均电流 i 为：

$$i = fQ = f\Delta C_X \cdot \Delta E \tag{4.10.4}$$

式中，ΔE 为激励电压幅值；ΔC_X 为传感器的电容变化量。

由式（4.10.4）可看出，f、ΔE 一定时，输出平均电流 i 与 ΔC_X 成正比，此输出平均电流 i 经电路中的电感 L_2、电容 C_5 滤波变为直流 I 输出，再经 R_W 转换成电压输出 $V_{o1}=IR_W$。由传感器原理已知 ΔC 与 ΔX 位移成正比，所以通过测量电路的输出电压 V_{o1}

就可知 ΔX 位移。

（3）电容式位移传感器实验原理方块图如图4.10.3所示。

图4.10.3 电容式位移传感器实验方块图

4.10.3 需用器件与单元

主机箱±15V直流稳压电源、电压表；电容传感器、电容传感器实验模板、测微头。

4.10.4 实验步骤

（1）按图4.10.4示意安装、接线。

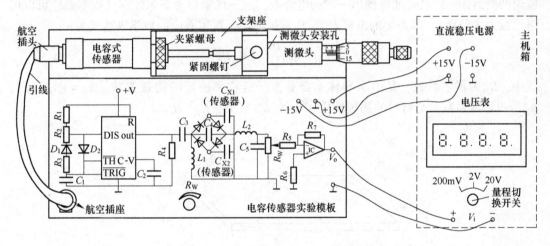

图4.10.4 电容传感器位移实验安装、接线示意图

（2）将实验模板上的 R_W 调节到中间位置（方法：逆时针转到底再顺时针转3圈）。

（3）将主机箱上的电压表量程切换开关打到2V档，检查接线无误后合上主机箱电源开关，旋转测微头改变电容传感器的动极板位置使电压表显示0V，再转动测微头（同一个方向）6圈，记录此时的测微头读数和电压表显示值，此为实验起点值。以后，反方向每转动测微头1圈即 $\Delta X = 0.5$mm 位移读取电压表读数，这样转12圈读取相应的电压表读数，将数据填入表4.10.1。这样单行程位移方向做实验可以消除测微头的回差。

表4.10.1 电容传感器位移实验数据

X/mm												
V/mV												

（4）根据表4.10.1数据作出 $\Delta X\text{-}V$ 实验曲线，并截取线性比较好的线段计算灵敏度 $S = \Delta V/\Delta X$ 和非线性误差 δ 及测量范围。实验完毕后关闭电源开关。

4.11　线性霍尔传感器位移特性实验

4.11.1　实验目的

了解霍尔式传感器原理与应用。

4.11.2　基本原理

霍尔式传感器是一种磁敏传感器，基于霍尔效应原理工作。它将被测量的磁场变化（或以磁场为媒体）转换成电动势输出。霍尔效应是具有载流子的半导体同时处在电场和磁场中而产生电势的一种现象。如图 4.11.1 所示（带正电的载流子），把一块宽为 b，厚为 d 的导电板放在磁感应强度为 B 的磁场中，并在导电板中通以纵向电流 I，此时在板的横向两侧面 $A—A'$ 之间就呈现出一定的电势差，这一现象称为霍尔效应（霍尔效应可以用洛伦兹力来解释），所产生的电势差 U_H 称霍尔电压。霍尔效应的数学表达式为：

$$U_H = R_H \frac{IB}{d} = K_H IB$$

式中，R_H 为霍尔系数，是由半导体本身载流子迁移率决定的物理常数，$R_H = -1/(ne)$；K_H 为灵敏度系数，与材料的物理性质和几何尺寸有关，$K_H = R_H/d$。

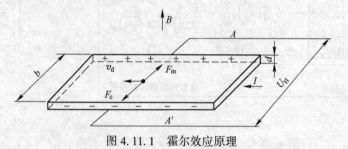

图 4.11.1　霍尔效应原理

具有上述霍尔效应的元件称为霍尔元件，霍尔元件大多采用 N 型半导体材料（金属材料中自由电子浓度 n 很高，因此 R_H 很小，使输出 U_H 极小，不宜作霍尔元件），厚度 d 只有 $1\mu m$ 左右。

霍尔传感器有霍尔元件和集成霍尔传感器两种类型。集成霍尔传感器是把霍尔元件、放大器等做在一个芯片上的集成电路型结构，与霍尔元件相比，它具有微型化好、灵敏度高、可靠性高、寿命长、功耗低、负载能力强以及使用方便等优点。

本实验采用的霍尔式位移（小位移 1~2mm）传感器是由线性霍尔元件、永久磁钢组成，其他很多物理量，如力、压力、机械振动等本质上都可转变成位移的变化来测量。霍尔式位移传感器的工作原理和实验电路原理如图 4.11.2 所示。将磁场强度相同的两块永久磁钢同极性相对放置着，线性霍尔元件置于两块磁钢间的中点，其磁感应强度为 0，设这个位置为位移的零点，即 $X = 0$，因磁感应强度 $B = 0$，故输出电压 $U_H = 0$。当霍尔元件沿 x 轴有位移时，由于 $B \neq 0$，则有一电压 U_H 输出，U_H 经差动放大器放大输出为 V。V 与 X 有一一对应的特性关系。

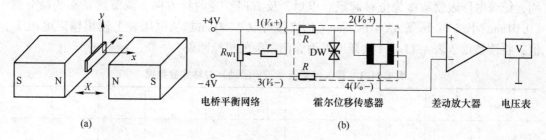

图 4.11.2　霍尔式位移传感器工作原理图

（a）工作原理；（b）实验电路原理

注意：线性霍尔元件有四个引线端。涂黑的两端是电源输入激励端，另外两端是输出端。接线时，电源输入激励端与输出端千万不能颠倒，否则霍尔元件就会损坏。

4.11.3　需用器件与单元

主机箱中的±2～±10V（步进可调）直流稳压电源、±15V 直流稳压电源、电压表；霍尔传感器实验模板、霍尔传感器、测微头。

4.11.4　实验步骤

（1）调节测微头的微分筒（0.01mm/小格），使微分筒的 0 刻度线对准轴套的 10mm 刻度线。按图 4.11.3 示意安装、接线，将主机箱上的电压表量程切换开关打到 2V 档，±2～±10V（步进可调）直流稳压电源调节到±4V 档。

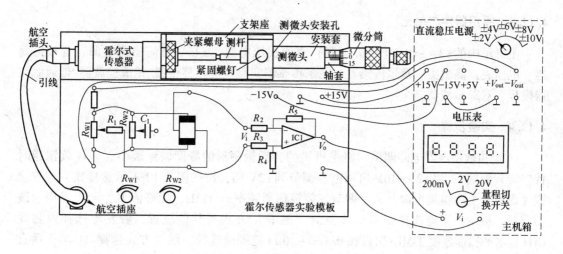

图 4.11.3　霍尔传感器（直流激励）位移实验接线示意图

（2）检查接线无误后，开启主机箱电源，松开安装测微头的紧固螺钉，移动测微头的安装套，使传感器的 PCB 板（霍尔元件）处在两圆形磁钢的中点位置（目测），此时拧紧紧固螺钉。再调节 R_{W1} 使电压表显示 0。

（3）测位移使用测微头时，当来回调节微分筒使测杆产生位移的过程中本身存在机械回程差，为消除这种机械回差可用单行程位移方法实验：顺时针调节测微头的微分筒 3

周，记录电压表读数作为位移起点。以后，反方向（逆时针方向）调节测微头的微分筒（0.01mm/小格），每隔 $\Delta X = 0.1$mm（总位移可取 3~4mm）从电压表上读出输出电压 V_o 值，将读数填入表 4.11.1（这样可以消除测微头的机械回差）。

表 4.11.1　霍尔传感器（直流激励）位移实验数据

$\Delta X/\text{mm}$								
V/mV								

（4）根据表 4.11.1 数据作出 $V\text{-}\Delta X$ 实验曲线，分析曲线在不同测量范围（±0.5mm、±1mm、±2mm）时的灵敏度和非线性误差。实验完毕后，关闭电源。

4.12　线性霍尔传感器交流激励时的位移性能实验

4.12.1　实验目的

了解交流激励时霍尔式传感器的特性。

4.12.2　基本原理

交流激励时霍尔式传感器与直流激励一样，基本工作原理相同，不同之处是测量电路。

4.12.3　需用器件与单元

主机箱中的 ±2~±10V（步进可调）直流稳压电源、±15V 直流稳压电源、音频振荡器、电压表；测微头、霍尔传感器、霍尔传感器实验模板、移相器/相敏检波器/低通滤波器模板、双踪示波器。

4.12.4　实验步骤

（1）相敏检波器电路调试。将主机箱的音频振荡器的幅度调到最小（幅度旋钮逆时针轻轻转到底），将 ±2~±10V 可调电源调节到 ±2V 档，再按图 4.12.1 示意接线，检查接线无误后合上主机箱电源开关，调节音频振荡器频率 $f = 1$kHz，峰峰值 $V_{\text{p-p}} = 5$V（用示波器测量，提示：正确选择双踪示波器的"触发"方式及其他设置，触发源选择内触发 CH1、水平扫描速度 TIME/DIV 在 0.1ms~10μs 范围内选择、触发方式选择 AUTO；垂直显示方式为双踪显示 DUAL、垂直输入耦合方式选择直流耦合 DC、灵敏度 VOLTS/DIV 在 1~5V 范围内选择。当 CH1、CH2 输入对地短接时移动光迹线居中后再去测量波形）。调节相敏检波器的电位器钮使示波器显示幅值相等、相位相反的两个波形。至此，相敏检波器电路已调试完毕，以后不要触碰这个电位器钮。关闭电源。

（2）调节测微头的微分筒（0.01mm/小格），使微分筒的 0 刻度线对准轴套的 10mm 刻度线。按图 4.12.2 示意图安装、接线，将主机箱上的电压表量程切换开关打到 2V 档，检查接线无误后合上主机箱电源开关。

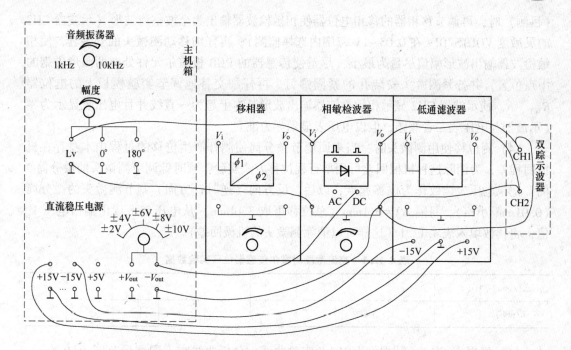

图 4.12.1　相敏检波器电路调试接线示意图

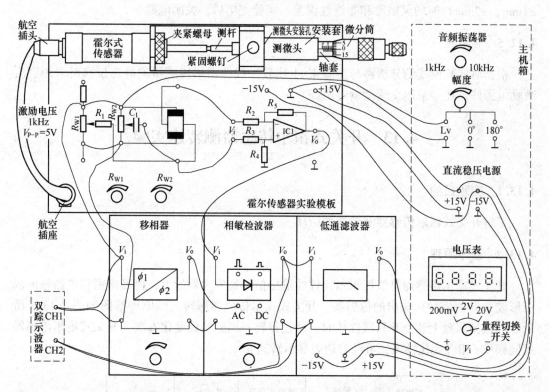

图 4.12.2　交流激励时霍尔传感器位移实验接线图

（3）松开测微头安装孔上的紧固螺钉。顺着传感器的位移方向移动测微头的安装套（左、右方向都可以），使传感器的 PCB 板（霍尔元件）明显偏离两圆形磁钢的中点位置

（目测）时，再调节移相器的移相电位器使相敏检波器输出为全波整流波形（示波器 CH2 的灵敏度 VOLTS/DIV 在 0.05~1V 范围内选择监测）。再仔细移动测微头的安装套，使相敏检波器输出波形幅值尽量为最小（尽量使传感器的 PCB 板霍尔元件处在两圆形磁钢的中点位置）并拧紧测微头安装孔的紧固螺钉。再仔细交替地调节实验模板上的电位器 R_{W1}、R_{W2} 使示波器 CH2 显示相敏检波器输出波形基本上趋为一直线并且电压表显示为零（示波器与电压表二者兼顾，但以电压表显示零为准）。

（4）测位移使用测微头时，当来回调节微分筒使测杆产生位移的过程中本身存在机械回程差，为消除这种机械回差可用单行程位移方法实验：顺时针调节测微头的微分筒 3 周，记录电压表读数作为位移起点，以后，反方向（逆时针方向）调节测微头的微分筒（0.01mm/小格），每隔 $\Delta X = 0.1$mm（总位移可取 3~4mm）从电压表上读出输出电压 $V_。$值，将读数填入表 4.12.1（这样可以消除测微头的机械回差）。

表 4.12.1　交流激励时霍尔传感器位移实验数据

ΔX/mm									
V/mV									

（5）根据表 4.12.1 数据作出 $V\text{-}\Delta X$ 实验曲线，分析曲线在不同测量范围（±0.5mm、±1mm、±2mm）时的灵敏度和非线性误差。实验完毕后，关闭电源。

4.12.5　思考题

根据对实验曲线的分析再与实验 4.11 比较，线性霍尔传感器测静态位移时采用直流激励电源好，还是采用交流激励电源好？

4.13　开关式霍尔传感器测转速实验

4.13.1　实验目的

了解开关式霍尔传感器测转速的应用。

4.13.2　基本原理

开关式霍尔传感器是线性霍尔元件的输出信号经放大器放大，再经施密特电路整形成矩形波（开关信号）输出的传感器。开关式霍尔传感器测转速的原理框图如图 4.13.1 所示。当被测圆盘上装上 6 只磁性体时，圆盘每转一周磁场就变化 6 次，开关式霍尔传感器就同频率 f 相应变化输出，再经转速表显示转速 n。

图 4.13.1　开关式霍尔传感器测转速原理框图

4.13.3 需用器件与单元

主机箱中的转速调节 0~24V 直流稳压电源、+5V 直流稳压电源、电压表、频率/转速表；霍尔转速传感器、转动源。

4.13.4 实验步骤

（1）根据图 4.13.2 将霍尔转速传感器安装于霍尔架上，传感器的端面对准转盘上的磁钢并调节升降杆使传感器端面与磁钢之间的间隙大约为 2~3mm。

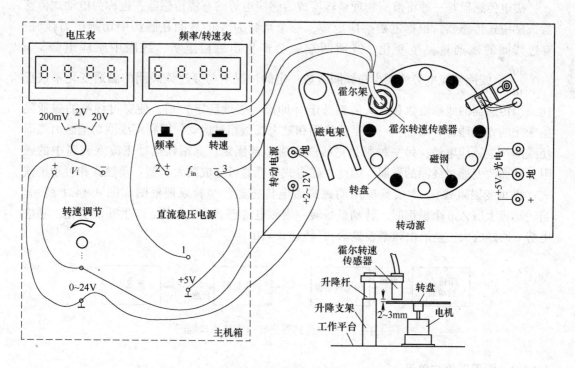

图 4.13.2 霍尔转速传感器实验安装、接线示意图

（2）将主机箱中的转速调节电源 0~24V 旋钮调到最小（逆时针方向转到底）后接入电压表（电压表量程切换开关打到 20V 档）；其他接线按图 4.13.2 所示连接（注意霍尔转速传感器的三根引线的序号）；将频率/转速表的开关按到转速档。

（3）检查接线无误后合上主机箱电源开关，在小于 12V 范围内（电压表监测）调节主机箱的转速调节电源（调节电压改变直流电机电枢电压），观察电机转动及转速表的显示情况。

（4）从 2V 开始记录每增加 1V 相应电机转速的数据（待电机转速比较稳定后读取数据）；画出电机的 V-n（电机电枢电压与电机转速的关系）特性曲线。实验完毕后，关闭电源。

4.13.5 思考题

利用开关式霍尔传感器测转速时被测对象要满足什么条件？

4.14　磁电式传感器测转速实验

4.14.1　实验目的

了解磁电式传感器测量转速的原理。

4.14.2　基本原理

磁电传感器是一种将被测物理量转换成为感应电势的有源传感器，也称为电动式传感器或感应式传感器。根据电磁感应定律，一个匝数为 N 的线圈在磁场中切割磁力线时，穿过线圈的磁通量发生变化，线圈两端就会产生出感应电势，线圈中感应电势 $e = -N\dfrac{\mathrm{d}\Phi}{\mathrm{d}t}$。线圈感应电势的大小在线圈匝数一定的情况下与穿过该线圈的磁通变化率成正比。当传感器的线圈匝数和永久磁钢选定（即磁场强度已定）后，使穿过线圈的磁通发生变化的方法通常有两种：一种是让线圈和磁力线做相对运动，即利用线圈切割磁力线而使线圈产生感应电势；另一种则是把线圈和磁钢部固定，靠衔铁运动来改变磁路中的磁阻，从而改变通过线圈的磁通。因此，磁电式传感器可分成两大类型：动磁式和可动衔铁式（即可变磁阻式）。本实验应用动磁式磁电传感器，实验原理框图如图 4.14.1 所示。当转动盘上嵌入 6 个磁钢时，转动盘每转一周磁电传感器感应电势 e 产生 6 次变化，感应电势 e 通过放大、整形由频率表显示 f，转速 $n = 10f$。

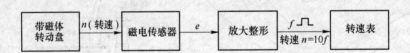

图 4.14.1　磁电传感器测转速实验原理框图

4.14.3　需用器件与单元

主机箱中的转速调节 0~24V 直流稳压电源、电压表、频率/转速表；磁电式传感器、转动源。

4.14.4　实验步骤

磁电式转速传感器测速实验除了传感器不用接电源外（传感器探头中心与转盘磁钢对准），其他完全与实验 4.13 相同。请按图 4.14.2 示意安装、接线并按照实验 4.13 中的实验步骤做实验。实验完毕后，关闭电源。

4.14.5　思考题

磁电式转速传感器测很低的转速时会降低精度，甚至不能测量。如何创造条件保证磁电式转速传感器能正常测转速？并说明理由。

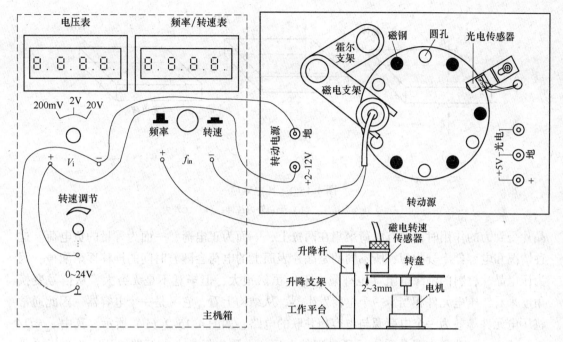

图 4.14.2　磁电转速传感器测速实验安装、接线示意图

4.15　压电式传感器测振动实验

4.15.1　实验目的

了解压电式传感器的原理和测量振动的方法。

4.15.2　基本原理

压电式传感器是一个典型的发电型传感器，其传感元件是压电材料，它以压电材料的压电效应为转换机理实现力到电量的转换。压电式传感器可以对各种动态力、机械冲击和振动进行测量，在声学、医学、力学、导航方面都得到广泛的应用。

4.15.2.1　压电效应

具有压电效应的材料称为压电材料，常见的压电材料有两类：一是压电单晶体，如石英、酒石酸钾钠等；二是人工多晶体压电陶瓷，如钛酸钡、锆钛酸铅等。

压电材料受到外力作用时，在发生变形的同时内部产生极化现象，它表面会产生符号相反的电荷。当外力去掉时，又重新回复到原不带电状态，当作用力的方向改变后电荷的极性也随之改变，如图 4.15.1 所示，这种现象称为压电效应。

4.15.2.2　压电晶片及其等效电路

多晶体压电陶瓷的灵敏度比压电单晶体要高很多，压电传感器的压电元件是在两个工作面上蒸镀有金属膜的压电晶片，金属膜构成两个电极，如图 4.15.2（a）所示。当压电

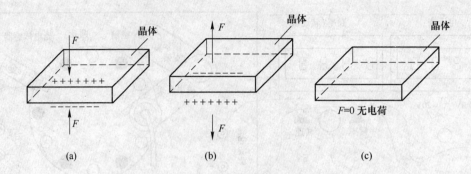

图 4.15.1　压电效应

（a）受到外力挤压；（b）受到外力拉伸；（c）无外力

晶片受到力的作用时，便有电荷聚集在两极上，一面为正电荷，一面为等量的负电荷。这种情况和电容器十分相似，所不同的是晶片表面上的电荷会随着时间的推移逐渐漏掉，因为压电晶片材料的绝缘电阻（也称漏电阻）虽然很大，但毕竟不是无穷大，从信号变换角度来看，压电元件相当于一个电荷发生器。从结构上看，它又是一个电容器。因此通常将压电元件等效为一个电荷源与电容相并联的电路，如图 4.15.2（b）所示。其中 $e_a = Q/C_a$，式中，e_a 为压电晶片受力后所呈现的电压，也称为极板上的开路电压；Q 为压电晶片表面上的电荷；C_a 为压电晶片的电容。

　　实际的压电传感器中，往往用两片或两片以上的压电晶片进行并联或串联。压电晶片并联时如图 4.15.2（c）所示，两晶片正极集中在中间极板上，负电极在两侧的电极上，因而电容量大，输出电荷量大，时间常数大，宜于测量缓变信号并以电荷量作为输出。

　　压电传感器的输出，理论上应当是压电晶片表面上的电荷 Q。根据图 4.15.2（b）可知测试中也可取等效电容 C_a 上的电压值，作为压电传感器的输出。因此，压电式传感器就有电荷和电压两种输出形式。

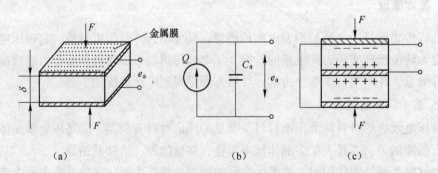

图 4.15.2　压电晶片及等效电路

（a）压电晶片；（b）等效电荷源与电容并联；（c）两片压电晶片并联

4.15.2.3　压电式加速度传感器

　　图 4.15.3 是压电式加速度传感器的结构图。图中，M 是惯性质量块，K 是压电晶片。压电式加速度传感器实质上是一个惯性力传感器。在压电晶片 K 上，放有质量块 M。当

壳体随被测振动体一起振动时，作用在压电晶体上的力 $F = Ma$。当质量 M 一定时，压电晶体上产生的电荷与加速度 a 成正比。

4.15.2.4　压电式加速度传感器和放大器等效电路

压电传感器的输出信号很弱小，必须进行放大，压电传感器所配接的放大器有两种结构形式：一种是带电阻反馈的电压放大器，其输出电压与输入电压（即传感器的输出电压）成正比；另一种是带电容反馈的电荷放大器，其输出电压与输入电荷量成正比。图 4.15.4 为传感器-电缆-电荷放大器系统的等效电路图。

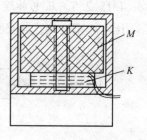

图 4.15.3　压电式加速度传感器结构示意图

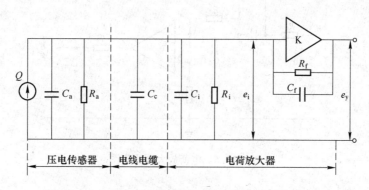

图 4.15.4　传感器-电缆-电荷放大器系统的等效电路图

电压放大器测量系统的输出电压对电缆电容 C_c 敏感。当电缆长度变化时，C_c 就变化，使得放大器输入电压 e_i 变化，系统的电压灵敏度也将发生变化，这就增加了测量的困难。电荷放大器则克服了上述电压放大器的缺点。它是一个高增益带电容反馈的运算放大器。当略去传感器的漏电阻 R_a 和电荷放大器的输入电阻 R_i 影响时，有

$$Q = e_i(C_a + C_c + C_i) + (e_i - e_y)C_f \qquad (4.15.1)$$

式中，e_i 为放大器输入端电压；e_y 为放大器输出端电压，$e_y = -Ke_i$；K 为电荷放大器开环放大倍数；C_f 为电荷放大器反馈电容。将 $e_y = -Ke_i$ 代入式（4.15.1），可得到放大器输出端电压 e_y 与传感器电荷 Q 的关系式，设：

$$C = C_a + C_c + C_i$$
$$e_y = -KQ/[(C + C_f) + KC_f] \qquad (4.15.2)$$

当放大器的开环增益足够大时，则有 $KC_f \gg C + C_f$，故式（4.15.2）可简化为

$$e_y = -Q/C_f \qquad (4.15.3)$$

式（4.15.3）表明，在一定条件下，电荷放大器的输出电压与传感器的电荷量成正比，而与电缆的分布电容无关，输出灵敏度取决于反馈电容 C_f。所以，电荷放大器的灵敏度调节，都是采用切换运算放大器反馈电容 C_f 的办法。采用电荷放大器时，即使连接电缆长度达百米以上，其灵敏度也无明显变化，这是电荷放大器的主要优点。

4.15.2.5　压电加速度传感器实验原理图

压电加速度传感器实验原理、电荷放大器如图4.15.5和图4.15.6所示。

图4.15.5　压电加速度传感器实验原理框图

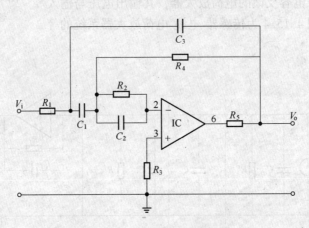

图4.15.6　电荷放大器原理图

4.15.3　需用器件与单元

主机箱±15V直流稳压电源、低频振荡器；压电传感器、压电传感器实验模板、移相器/相敏检波器/滤波器模板；振动源、双踪示波器。

4.15.4　实验步骤

（1）按图4.15.7所示将压电传感器安装在振动台面上（与振动台面中心的磁钢吸合），振动源的低频输入接主机箱中的低频振荡器，其他连线按图4.15.7示意接线。

（2）将主机箱上的低频振荡器幅度旋钮逆时针转到底（低频输出幅度为零），调节低频振荡器的频率在6~8Hz左右。检查接线无误后合上主机箱电源开关。再调节低频振荡器的幅度使振动台明显振动（如振动不明显可调频率）。

（3）用示波器的两个通道（正确选择双踪示波器的"触发"方式及其他设置，TIME/DIV在20~50ms范围内选择，VOLTS/DIV在0.5V~50mV范围内选择）同时观察低通滤波器输入端和输出端波形；在振动台正常振动时用手指敲击振动台同时观察输出波形变化。

（4）改变低频振荡器的频率（调节主机箱低频振荡器的频率），观察输出波形变化。实验完毕后，关闭电源。

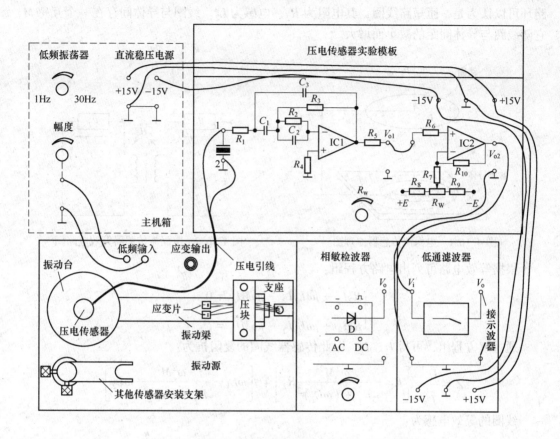

图 4.15.7　压电传感器振动实验安装、接线示意图

4.16　电涡流传感器位移实验

4.16.1　实验目的

了解电涡流传感器测量位移的工作原理和特性。

4.16.2　基本原理

电涡流式传感器是一种建立在涡流效应原理上的传感器。电涡流式传感器由传感器线圈和被测物体（导电体-金属涡流片）组成，如图 4.16.1 所示。根据电磁感应原理，当传感器线圈（一个扁平线圈）通以交变电流（频率较高，一般为 1~2MHz）i_1 时，线圈周围空间会产生交变磁场 H_1，当线圈平面靠近某一导体面时，由于线圈磁通链穿过导体，使导体的表面层感应出呈旋涡状自行闭合的电流 i_2，而 i_2 所形成的磁通链又穿过传感器线圈，这样线圈与涡流"线圈"形成了有一定耦合的互感，最终原线圈反馈一等效电感，从而导致传感器线圈的阻抗 Z 发生变化。把被测导体上形成的电涡等效成一个短路环，这样就可得到如图 4.16.2 所示的等效电路。图中 R_1、L_1 为传感器线圈的电阻和电感。短路环可以认为是一匝短路线圈，其电阻为 R_2、电感为 L_2。线圈与导体间存在一个互感 M，它随线圈与导体间距的减小而增大。

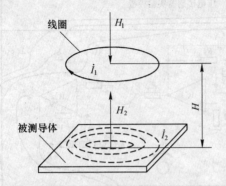

图 4.16.1　电涡流传感器原理图

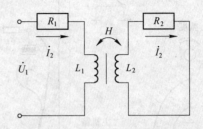

图 4.16.2　电涡流传感器等效电路图

根据等效电路可列出电路方程组：

$$\begin{cases} R_2\dot{I}_2 + j\omega L_2\dot{I}_2 - j\omega M\dot{I}_1 = 0 \\ R_1\dot{I}_1 + j\omega L_1\dot{I}_1 - j\omega M\dot{I}_2 = \dot{U}_1 \end{cases}$$

通过解方程组，可得 I_1、I_2。因此传感器线圈的复阻抗为：

$$Z = \frac{\dot{U}}{\dot{I}} = \left[R_1 + \frac{\omega^2 M^2}{R_2^2 + (\omega L_2)^2}R_2 \right] + j\left[\omega L_1 - \frac{\omega^2 M^2}{R_2^2 + (\omega L_2)^2}\omega L_2 \right]$$

线圈的等效电感为：

$$L = L_1 - L_2 \frac{\omega^2 M^2}{R_2^2 + (\omega L_2)^2}$$

线圈的等效 Q 值为：

$$Q = Q_0 \left\{ \left[1 - (L_2\omega^2 M^2)/(L_1 Z_2^2) \right]/\left[1 + (R_2\omega^2 M^2)/(R_1 Z_2^2) \right] \right\}$$

式中，Q_0 为无涡流影响下线圈的 Q 值，$Q_0 = \omega L_1/R_1$；Z_2^2 为金属导体中产生电涡流部分的阻抗，$Z_2^2 = R_2^2 + \omega^2 L_2^2$。

　　由 Z、L 和 Q 的表达式可以看出，线圈与金属导体系统的阻抗 Z、电感 L 和品质因数 Q 值都是该系统互感系数平方的函数，而从麦克斯韦互感系数的基本公式出发，可得互感系数是线圈与金属导体间距离 $x(H)$ 的非线性函数。因此 Z、L、Q 均是 x 的非线性函数。虽然它整个函数是非线性的，其函数特征为"S"形曲线，但可以选取它近似为线性的一段。其实 Z、L、Q 的变化与导体的电导率、磁导率、几何形状、线圈的几何参数、激励电流频率以及线圈到被测导体间的距离有关。如果控制上述参数中的一个参数改变，而其余参数不变，则阻抗就成为这个变化参数的单值函数。当电涡流线圈、金属涡流片以及激励源确定后，并保持环境温度不变，则只与距离 x 有关。于此，通过传感器的调理电路（前置器）处理，将线圈阻抗 Z、L、Q 的变化转化成电压或电流的变化输出。输出信号的大小随探头到被测体表面之间的间距而变化，电涡流传感器就是根据这一原理实现对金属物体的位移、振动等参数的测量。

　　为实现电涡流位移测量，必须有一个专用的测量电路。这一测量电路（称之为前置器，也称电涡流变换器）应包括具有一定频率的稳定的振荡器和一个检波电路等。电涡流传感器位移测量实验框图如图 4.16.3 所示。

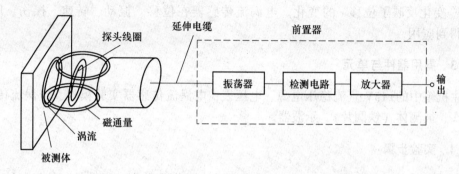

图 4.16.3 电涡流传感器位移特性实验原理框图

根据电涡流传感器的基本原理，将传感器与被测体间的距离变换为传感器的 Q 值、等效阻抗 Z 和等效电感 L 三个参数，用相应的测量电路（前置器）来测量。

本实验的电涡流变换器为变频调幅式测量电路，电路原理如图 4.16.4 所示。电路组成：（1）Q_1、C_1、C_2、C_3 组成电容三点式振荡器，产生频率为 1MHz 左右的正弦载波信号。电涡流传感器接在振荡回路中，传感器线圈是振荡回路的一个电感元件。振荡器作用是将位移变化引起的振荡回路的 Q 值变化转换成高频载波信号的幅值变化。（2）D_1、C_5、L_2、C_6 组成了由二极管和 LC 形成的 π 形滤波的检波器。检波器的作用是将高频调幅信号中传感器检测到的低频信号取出来。（3）Q_2 组成射极跟随器。射极跟随器的作用是输入、输出匹配以获得尽可能大的不失真输出的幅度值。

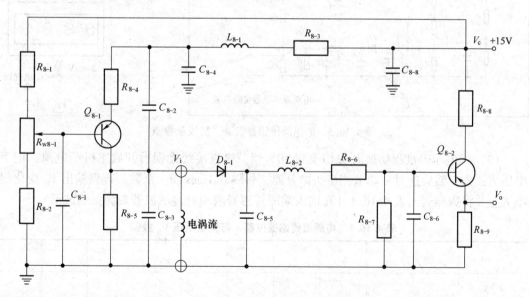

图 4.16.4 电涡流变换器电路原理图

电涡流传感器是通过传感器端部线圈与被测物体（导电体）间的间隙变化来测物体的振动相对位移量和静位移的，它与被测物之间没有直接的机械接触，具有很宽的使用频率范围（0～10Hz）。当无被测导体时，振荡器回路谐振于 f_0，传感器端部线圈

Q_0 为定值且最高，对应的检波输出电压 V_0 最大。当被测导体接近传感器线圈时，线圈 Q 值发生变化，振荡器的谐振频率发生变化，谐振曲线变得平坦，检波出的幅值 V_0 变小。V_0 变化反映了位移 x 的变化。电涡流传感器在位移、振动、转速、探伤、厚度测量上得到应用。

4.16.3　需用器件与单元

主机箱中的 ±15V 直流稳压电源、电压表；电涡流传感器实验模板、电涡流传感器、测微头、被测体（铁圆片）、示波器。

4.16.4　实验步骤

（1）观察传感器结构，这是一个平绕线圈。调节测微头的微分筒，使微分筒的 0 刻度值与轴套上的 5mm 刻度值对准。按图 4.16.5 安装测微头、被测体铁圆片、电涡流传感器（注意安装顺序：首先将测微头的安装套插入安装架的安装孔内，再将被测体铁圆片套在测微头的测杆上；然后在支架上安装好电涡流传感器；最后平移测微头安装套使被测体与传感器端面相贴并拧紧测微头安装孔的紧固螺钉），再按图 4.16.5 示意接线。

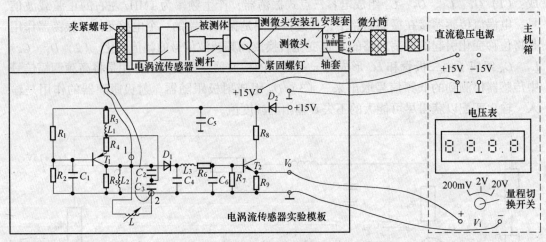

图 4.16.5　电涡流传感器安装、接线示意图

（2）将电压表量程切换开关切换到 20V 档，检查接线无误后开启主机箱电源，记下电压表读数，然后逆时针调节测微头微分筒，每隔 0.1mm 读一个数，直到输出 V_0 变化很小为止并将数据列入表 4.16.1（在输入端即传感器两端可接示波器观测振荡波形）。

表 4.16.1　电涡流传感器位移 x 与输出电压 V_0 数据

x/mm									
V_o/V									

（3）根据表 4.16.1 数据，画出 V-x 实验曲线，根据曲线找出线性区域比较好的范围计算灵敏度和线性度（可用最小二乘法或其他方法拟合直线）。实验完毕后，关闭电源。

4.17 光电传感器测转速实验

4.17.1 实验目的

了解光电转速传感器测量转速的原理及方法。

4.17.2 基本原理

光电式转速传感器有反射型和透射型两种，本实验装置是透射型的（光电断续器也称光耦），传感器端部两内侧分别装有发光管和光电管，发光管发出的光源透过转盘上通孔后由光电管接收转换成电信号，由于转盘上有均匀间隔的 6 个孔，转动时将获得与转速有关的脉冲数，脉冲经处理由频率表显示 f，即可得到转速 $n=10f$。实验原理框图如图 4.17.1 所示。

带孔转动盘 →n(转速)→ 光耦 →f脉冲→ 放大整形 →f 转速 $n=10f$→ 转速表

图 4.17.1 光耦测转速实验原理框图

4.17.3 需用器件与单元

主机箱中的转速调节 0~24V 直流稳压电源、+5V 直流稳压电源、电压表、频率/转速表；转动源、光电转速传感器——光电断续器（已装在转动源上）。

4.17.4 实验步骤

（1）将主机箱中的转速调节 0~24V 旋钮旋到最小（逆时针旋到底）并接上电压表；再按图 4.17.2 所示接线，将主机箱中频率/转速表的切换开关切换到转速处。

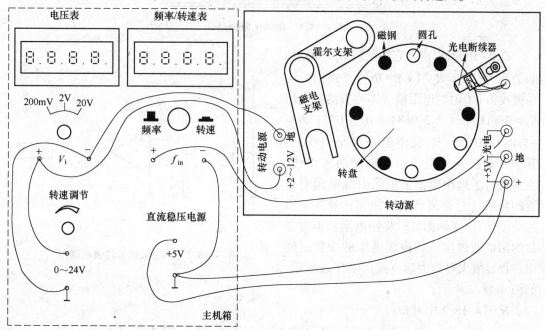

图 4.17.2 光电传感器测速实验接线示意图

（2）检查接线无误后，合上主机箱电源开关，在小于12V范围内（电压表监测）调节主机箱的转速调节电源（调节电压改变电机电枢电压），观察电机转动及转速表的显示情况。

（3）从2V开始记录每增加1V相应电机转速的数据（待转速表显示比较稳定后读取数据）；画出电机的V-n（电机电枢电压与电机转速的关系）特性曲线。实验完毕后，关闭电源。

4.17.5　思考题

已进行的实验中用了多种传感器测量转速，试分析比较一下哪种方法最简单方便。

4.18　Pt100铂电阻测温特性实验

4.18.1　实验目的

了解Pt100热电阻—电压转换方法及Pt100热电阻测温特性与应用。

4.18.2　基本原理

利用导体电阻随温度变化的特性，可以制成热电阻，要求其材料电阻温度系数大，稳定性好，电阻率高，电阻与温度之间最好有线性关系。常用的热电阻有铂电阻（500℃以内）和铜电阻（150℃以内）。铂电阻是将0.05~0.07mm的铂丝绕在线圈骨架上封装在玻璃或陶瓷内构成，图4.18.1是铂热电阻的结构。

图4.18.1　铂热电阻的结构

在0~500℃以内，它的电阻R_t与温度t的关系为：$R_t = R_o(1 + At + Bt^2)$，式中，R_o系温度为0℃时的电阻值（本实验的铂电阻$R_o = 100\Omega$）；$A = 3.9684 \times 10^{-3}℃^{-1}$；$B = -5.847 \times 10^{-7}℃^{-2}$。铂电阻一般是三线制，其中一端接一根引线另一端接两根引线，主要是为了远距离测量消除引线电阻对桥臂的影响（近距离可用二线制，导线电阻忽略不计）。实际测量时将铂电阻随温度变化的阻值通过电桥转换成电压的变化量输出，再经放大器放大后直接用电压表显示，如图4.18.2所示。

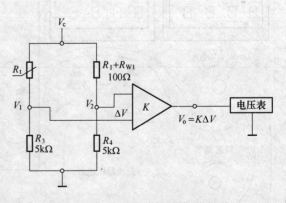

图4.18.2　热电阻信号转换原理图

从图4.18.2中可知：

$$\Delta V = V_1 - V_2; \quad V_1 = [R_3/(R_3 + R_t)]V_c; \quad V_2 = [R_4/(R_4 + R_1 + R_{W1})]V_c$$

$$\Delta V = V_1 - V_2 = \{[R_3/(R_3 + R_t)] - [R_4/(R_4 + R_1 + R_{W1})]\}V_c$$

所以　　　$$V_o = K\Delta V = K\{[R_3/(R_3 + R_t)] - [R_4/(R_4 + R_1 + R_{W1})]\}V_c$$

式中，R_t 随温度的变化而变化，其他参数都是常量，所以放大器的输出 V_o 与 R_t，也就是与温度有一一对应关系，通过测量 V_o 可计算出 R_t：

$$R_t = R_3[K(R_1 + R_{W1})V_c - (R_4 + R_1 + R_{W1})V_o]/[KV_cR_4 + (R_4 + R_1 + R_{W1})V_o]$$

Pt100 热电阻一般应用在冶金、化工行业及需要温度测量控制的设备上，适用于测量、控制低于 600℃ 的温度。本实验由于受到温度源及安全上的限制，所做的实验温度值低于 160℃。

4.18.3　需用器件与单元

主机箱中的智能调节器单元、电压表、转速调节 0～24V 电源、±15V 直流稳压电源、±2～±10V（步进可调）直流稳压电源；温度源、Pt100 热电阻两支（一支用于温度源控制、另一支用于温度特性实验）、温度传感器实验模板；压力传感器实验模板（作为直流电压（mV）信号发生器）、4（1/2）位数显万用表（自备）。

温度传感器实验模板简介：图 4.18.3 中的温度传感器实验模板是由三运放组成的测量放大电路、ab 传感器符号、传感器信号转换电路（电桥）及放大器工作电源引入插孔构成；其中 R_{W1} 实验模板内部已调试好（$R_{W1} + R_1 = 100\Omega$），面板上的 R_{W1} 已无效不起作用；R_{W2} 为放大器的增益电位器；R_{W3} 为放大器电平移动（调零）电位器；ab 传感器符号（<）接热电偶（K 热电偶或 E 热电偶）；双圈符号接 AD590 集成温度传感器；R_t 接热电阻（Pt100 铂电阻或 Cu50 铜电阻）。具体接线参照具体实验。

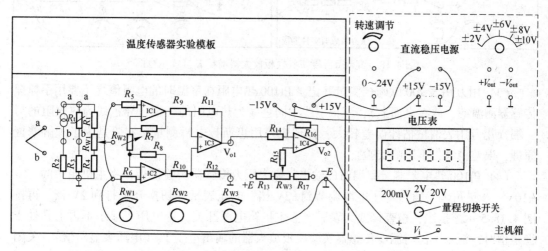

图 4.18.3　温度传感器实验模板放大器调零接线示意图

4.18.4　实验步骤

（1）温度传感器实验模板放大器调零。按图 4.18.3 示意接线。将主机箱上的电压表量程切换开关打到 2V 档，检查接线无误后合上主机箱电源开关，调节温度传感器实验模板中的 R_{W2}（增益电位器）顺时针转到底，再调节 R_{W3}（调零电位器）使主机箱的电压表显示为 0（零位调好后 R_{W3} 电位器旋钮位置不要改动）。关闭主机箱电源。

（2）调节温度传感器实验模板放大器的增益 K 为 10 倍。利用压力传感器实验模板的零位偏移电压作为温度实验模板放大器的输入信号，来确定温度实验模板放大器的增益 K。按图 4.18.4 示意接线，检查接线无误后（尤其要注意实验模板的工作电源 ±15V），合上主机箱电源开关，调节压力传感器实验模板上的 R_{W2}（调零电位器），使压力传感器实验模板中的放大器输出电压为 0.020V（用主机箱电压表测量）；再将 0.020V 电压输入到温度传感器实验模板的放大器中，调节温度传感器实验模板中的增益电位器 R_{W2}（注意：不要误碰调零电位器 R_{W3}），使温度传感器实验模板放大器的输出电压为 0.200V（增益调好后 R_{W2} 电位器旋钮位置不要改动）。关闭电源。

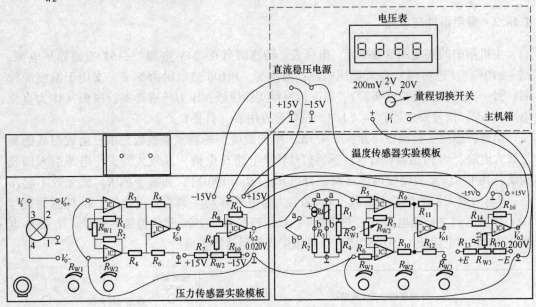

图 4.18.4　调节温度实验模板放大器增益 K 接线示意图

（3）用万用表 200 欧姆档测量并记录 Pt100 热电阻在室温时的电阻值（不要用手抓捏传感器测温端，放在桌面上），三根引线中同色线为热电阻的一端，异色线为热电阻的另一端（用万用表油量估计误差较大，按理应该用惠斯顿电桥测量，实验是为了理解掌握原理，误差稍大，不影响实验）。

（4）Pt100 热电阻测量室温时的输出。撤去压力传感器实验模板，将主机箱中的 ±2～±10V（步进可调）直流稳压电源调节到 ±2V 档；电压表量程切换开关打到 2V 档。再按图 4.18.5 示意接线，检查接线无误后合上主机箱电源开关，待电压表显示不再上升处于稳定值时，记录室温时温度传感器实验模板放大器的输出电压 V_o（电压表显示值）。关闭电源。

（5）保留图 4.18.5 的接线同时将实验传感器 Pt100 铂热电阻插入温度源中，温度源的温度控制接线按图 4.18.6 示意接线。将主机箱上的转速调节旋钮（0～24V）顺时针转到底（24V），将调节器控制对象开关拨到 R_t、V_i 位置。检查接线无误后合上主机箱电源，再合上调节器电源开关和温度源电源开关，将温度源调节控制在 40℃，待电压表显示上升到平衡点时记录数据。

（6）温度源的温度在 40℃ 的基础上，可按 $\Delta t = 10℃$（温度源在 40～160℃ 范围内）增

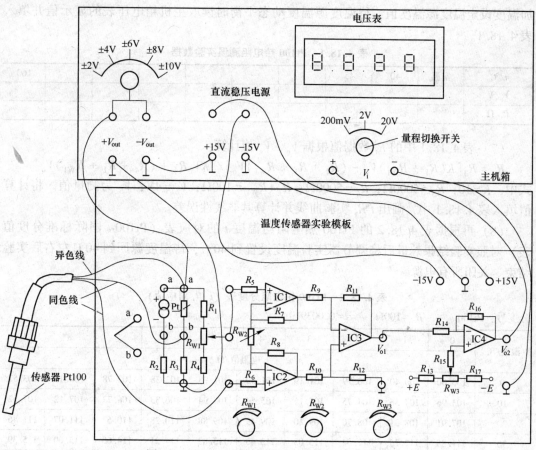

图 4.18.5　Pt100 热电阻测量室温时接线示意图

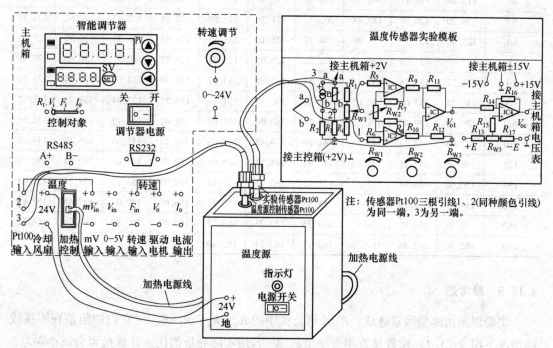

图 4.18.6　Pt100 铂电阻测温特性实验接线示意图

加温度设定温度源温度值，待温度源温度动态平衡时读取主机箱电压表的显示值并填入表 4.18.1。

表 4.18.1   Pt100 热电阻测温实验数据

$t/℃$	室温	40	45	…				160
V_o/V				…				
$R_t/Ω$				…				

（7）表 4.18.1 中的 R_t 数据值根据 V_o、V_c 值计算：

$$R_t = R_3 [K(R_1 + R_{W1})V_c - (R_4 + R_1 + R_{W1})V_o] / [KV_cR_4 + (R_4 + R_1 + R_{W1})V_o]$$

式中，$K=10$；$R_3=5000Ω$；$R_4=5000Ω$；$R_1+R_{W1}=100Ω$；$V_c=4V$；V_o 为测量值。将计算值填入表 4.18.1 中，画出 t-R_t 实验曲线并计算其非线性误差。

（8）再根据表 4.18.2 的 Pt100 热电阻与温度 t 的对应表（Pt100-t 国际标准分度值表）对照实验结果。最后将调节器实验温度设置到 40℃，待温度源回到 40℃左右后实验结束。关闭所有电源。

表 4.18.2   Pt100 铂电阻分度表（t-R_t 对应值）

分度号：Pt100 $R_o = 100Ω$ $α = 0.003910$

温度/℃	0	1	2	3	4	5	6	7	8	9
	电阻值/Ω									
0	100.00	100.40	100.79	101.19	101.59	101.98	102.38	102.78	103.17	103.57
10	103.96	104.36	104.75	105.15	105.54	105.94	106.33	106.73	107.12	107.52
20	107.91	108.31	108.70	109.10	109.49	109.88	110.28	110.67	111.07	111.46
30	111.85	112.25	112.64	113.03	113.43	113.82	114.21	114.60	115.00	115.39
40	115.78	116.17	116.57	116.96	117.35	117.74	118.13	118.52	118.91	119.31
50	119.70	120.09	120.48	120.87	121.26	121.65	122.04	122.43	122.82	123.21
60	123.60	123.99	124.38	124.77	125.16	125.55	125.94	126.33	126.72	127.10
70	127.49	127.88	128.27	128.66	129.05	129.44	129.82	130.21	130.60	130.99
80	131.37	131.76	132.15	132.54	132.92	133.31	133.70	134.08	134.47	134.86
90	135.24	135.63	136.02	136.40	136.79	137.17	137.56	137.94	138.33	138.72
100	139.10	139.49	139.87	140.26	140.64	141.02	141.41	141.79	142.18	142.66
110	142.95	143.33	143.71	144.10	144.48	144.86	145.25	145.63	146.10	146.40
120	146.78	147.16	147.55	147.93	148.31	148.69	149.07	149.46	149.84	150.22
130	150.60	150.98	151.37	151.75	152.13	152.51	152.89	153.27	153.65	154.03
140	154.41	154.79	155.17	155.55	155.93	156.31	156.69	157.07	157.45	157.83
150	158.21	158.59	158.97	159.35	159.73	160.11	160.49	160.86	161.24	161.62
160	162.00	162.38	162.76	163.13	163.51	163.89				

4.18.5   思考题

实验误差由哪些因素造成？R_t 计算公式中的 R_3、R_4、R_1+R_{W1}（它们的阻值在不接线的情况下用 4（1/2）位数显万用表测量）、V_c 若用实际测量值代入计算是否会减小误差？

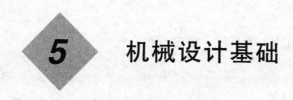

5 机械设计基础

5.1 常用机构和典型机械零件认识实验

5.1.1 实验目的

（1）了解机构及机械零件的组成，建立一定的工程背景知识。

（2）了解平面机构和机械传动及通用零部件结构特点、组成、运动和传动特点。

（3）增加感性认识，培养学习兴趣，对于本课程的具体内容及学习方法做到心中有数。

5.1.2 实验设备

模型陈列柜，分机械原理部分和机械设计部分。

机械原理部分有：机器与机构、平面连杆机构的基本形式、平面连杆机构的应用、凸轮机构的形式、齿轮传动的各种类型、齿轮的基本性质、轮系的基本形成、间歇运动机构、组合机构、空间连杆机构等。

机械设计部分有：齿轮传动、带传动、滚动轴承、联轴器、离合器、螺纹连接等。

5.1.3 实验步骤

（1）首先观看机械原理部分（平面机构的结构、组成、运动特点），然后观看机械传动部分。实验介绍过程中让平面机构和机械传动动起来。

（2）观察通用零部件，初步了解各种通用零部件的结构特点及用处。

5.1.4 实验要求

记录不少于三个所参观的常用机构或机械零件，谈谈对其的认识。

5.2 平面机构运动简图的绘制与分析

5.2.1 实验目的

（1）通过对实际机构的模型进行机构测绘，掌握机构运动简图的测绘方法。

（2）初步掌握根据实际使用的机器进行机构运动简图测绘的基本方法、步骤和注意事项。

（3）加强理论实际的联系，验算机构自由度、进一步了解机构具有确定运动的条件和有关机构结构分析的知识。

5.2.2 设备和工具

教具模型，自备工具：尺、笔、橡皮、纸。

5.2.3 实验原理

从运动学观点来看机构的运动仅与组成机构的构件和运动副的数目、种类以及它们之间的相互位置有关，而与构件的复杂外形、断面大小、运动副的构造无关，为了简单明了地表示一个机构的运动情况，可以不考虑那些与运动无关的因素（机构外形、断面尺寸、运动副的结构）。而用一些简单的线条和所规定的符号表示构件和运动副并按一定的比例表示各运动副的相对位置，以表明机构的运动特性。

5.2.4 实验步骤

（1）缓慢转动被测机构的原动件、找出从原动件到工作部分的机构传动路线。

（2）由机构的传动路线找出构件数目、运动副的种类和数目。

（3）合理选择投影平面，选择原则：对平面机构运动平面即为投影平面。对其他机构选择大多数构件运动的平面作为投影平面。

（4）在草稿纸上徒手按规定的符号及构件的连接顺序。逐步画出机构运动简图的草图，然后用数字标注各构件的序号，用英文字母标注各运动副。

（5）仔细测量机构的运动学尺寸，如回转副的中心距和移动副导路间的相对位置，标注在草图上。

（6）在图纸上任意确定原动件的位置，选择合适的比例尺把草图画成正规的运动简图。

比例尺的选定：

$$\mu_{\mathrm{L}} = \frac{L_{\mathrm{AB}}}{A_{\mathrm{B}}}$$

式中，μ_{L} 为比例尺，m/mm；L_{AB} 为构件的实际长度，m；A_{B} 为图纸上表示构件的长度，mm。

5.2.5 实验要求

（1）对指定的几种机器或机构模型绘制机构运动简图。至少有一种需按比例尺绘制。其余可凭目测，使图与实物大致成比例。

（2）计算机构自由度，并将结果与实际机构的自由度相对照。观察计算结果与实际是否相符合。

5.3 渐开线齿轮齿廓范成加工原理

5.3.1 实验目的

（1）了解用范成法加工渐开线齿轮的基本原理，并观察齿廓形成过程。

（2）通过实验，加深了解渐开线齿轮产生根切现象的原因和避免根切的方法。

5.3.2 实验设备及工具

齿轮范成仪，自备工具：计算器、圆规、三角尺、两支不同颜色的铅笔或圆珠笔、A4 绘图纸一张、剪刀。

5.3.3 实验设备介绍

范成仪的构造如图 5.3.1 所示。圆盘 1 绕其固定轴心 O 转动，在圆盘 1 上固定有周边切有齿的扇形齿 2，齿条 3 固定在横拖板 4 上，并可沿机座 7 做水平方向移动，齿条移动时带动扇形齿转动，齿条与齿啮合的中心线所形成的圆（以 O 为圆心）等于被加工齿轮的分度圆。通过齿条、扇形齿的作用使圆盘相对于横拖板的运动与被加工齿轮相对于齿条刀具的运动一样。松开紧固螺钉 5 和刀具 6 可以在横拖板 4 上沿垂直方向移动，从而可以调节刀具中线至被加工轮坯中心的距离，这样就能加工标准或变位齿轮。

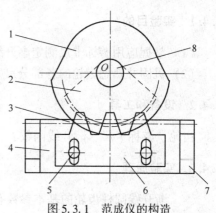

图 5.3.1 范成仪的构造

1—圆盘；2—扇形齿轮；3—齿条；4—横拖板；
5—紧固螺钉；6—刀具；7—机座；8—压盖

5.3.4 实验原理

范成法又称展开法、共轭法或包络法。范成法加工就是利用机构本身形成的运动来加工的一种方法。对齿轮传动来说，一对互相啮合的齿轮其共轭齿廓是互为包络的。因此加工时视其一轮为刀具，另一轮视为待加工轮坯。只要刀具与轮坯之间的运动和一对真正的齿轮互相啮合传动一样，则刀具刀刃在轮坯的各个位置的包络线就是渐开线。实际加工时，刀具除做展成运动外还沿着轮坯轴线做切削运动。本实验将模拟齿条插刀范成加工渐开线齿轮的过程（与实际不同之处在于实验中轮坯静止，齿条绕其作纯滚动，但二者的相对运动与实际加工时相同）。

5.3.5 实验内容及步骤

（1）根据已知刀具的模数 m、压力角 α 和被加工齿轮的齿数 Z，计算被加工的标准齿轮的分度圆、基圆、齿根圆及齿顶圆直径。

（2）将上述各圆分别画在绘图纸上（只画半圆即可），然后将纸剪成比最大的顶圆直径略大 1~2mm 的半圆形作为轮坯。

（3）把代表轮坯的图纸放在圆盘上，将刀具移至机架的正中位置，使半圆正对刀具，将图纸中心与圆盘中心对准后用压盖 8 压住。

（4）对刀：即调节刀具中心线，使在切削标准齿轮时，刀具分度线与被加工齿轮的分度圆相切。

（5）切削齿廓时，先将刀具推至范成仪的一端，然后每当向另一端移动一个小的距离时（2~3mm），即在代表轮坯的图纸上用笔画出刀刃的齿廓线（代表已切去），直到形成 2~3 个完整的轮齿时为止。

5.3.6　实验要求

实验过程中注意轮坯上齿廓形成的过程，观察标准渐开线齿廓有无根切现象，如有根切则分析其原因及解决方法。

5.4　渐开线直齿圆柱齿轮参数的测定

5.4.1　实验目的

（1）掌握应用游标卡尺测定渐开线直齿圆柱齿轮基本参数的方法。
（2）巩固并熟悉齿轮的各部分尺寸、参数之间的关系和渐开线的性质。

5.4.2　设备和工具

齿轮、游标卡尺、渐开线函数表（自备）、计算器（自备）。

5.4.3　实验原理

渐开线圆柱齿轮的基本参数有：齿数 Z、模数 m、齿顶高系数 h_a^*、径向间隙系数 c^*，分度圆压力角 α，变位系数 X 等。本实验是用游标卡尺来测量，并通过计算确定齿轮的这些基本参数。根据渐开线性质，当用游标卡尺跨过 n 个齿时，测得的齿廓间的公法线长度为 w_n，$w_n = ab$，如图 5.4.1 所示。根据渐开线性质 $ab = \overset{\frown}{a'b'}$（$\overset{\frown}{a'b'}$ 为基圆弧长），然后再跨 $n+1$ 个齿，测得其公法线长度为 $w_{n+1} = ac$，同理 $ac = \overset{\frown}{a'c'}$。

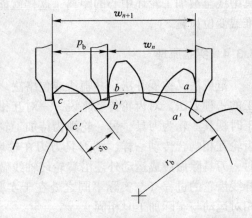

图 5.4.1　渐开线圆柱齿轮尺寸示意图

当 $w_{n+1} - w_n = \overset{\frown}{a'c'} - \overset{\frown}{a'b'} = p_b$，根据求得的基圆周节 p_b 可按下式算出模数 m：

$$m = \frac{p_b}{\pi\cos\alpha}$$

$$s_b = s\cos\alpha + 2r_b\text{inv}\alpha = m\left(\frac{\pi}{2} + 2X\tan\alpha\right)\cos\alpha + mZ\cos\alpha\text{inv}\alpha$$

上式中虽然 α 是未知的，但根据标准 α 只有两种，一种是 $\alpha = 15°$，另一种 $\alpha = 20°$，故分别将 α 代入上式算出其相应的模数，其数值最接近于标准的一组 m 和 α 即为所求的值。s_b、s、r_b 分别为基圆齿厚、分度圆齿厚和基圆半径。

被测齿轮可能是变位齿轮，此时还需确定变位系数 X，由基圆齿厚计算公式可知：

$$X = \left(\frac{s_b}{m\cos\alpha} - Z\text{inv}\alpha - \frac{\pi}{2}\right)\Big/2\tan\alpha$$

则式中 $s_b = w_{n+1} - np_b$。

齿轮的齿顶高系数 h_a^* 和径向间隙系数 c^* 可用下面方法确定，因为齿根高 h_f 为

$$h_f = (h_a^* + c^* - X)m = (mZ - d_f)/2$$

上式中齿根圆直径 d_f 可用游标卡尺测定，m、X 已算出，仅 h_a^*、c^* 未知，而 h_a^*、c^* 也有一定的标准，当 $h_a^* = 1$ 时，$c^* = 0.25$；当 $h_a^* = 0.8$ 时，$c^* = 0.3$。将上述二组 h_a^*、c^* 代入上面所述公式，符合或接近等式的一组 h_a^*、c^* 即为所求之值。

5.4.4 实验步骤

（1）直接数出齿轮的齿数。根据齿数按表 5.4.1 查出跨齿数 n。

（2）按跨齿数 n，测量公法线长度 w_n、w_{n+1} 和齿轮的齿顶圆直径 d_a，齿根圆直径 d_f，对每一个尺寸应测量三次，取其平均值作为测量数据。

（3）计算 p_b、α、m、X、h_a^*、c^*。

表 5.4.1 齿数表

Z	$12 \sim 18$	$19 \sim 27$	$28 \sim 36$	$37 \sim 45$	$46 \sim 54$	$55 \sim 63$	$64 \sim 72$
n	2	3	4	5	6	7	8

5.5 带传动实验

5.5.1 实验目的

（1）观察、验证带传动的弹性滑动和打滑现象。

（2）建立带传动效率的定量概念，了解外载荷对传动效率的影响。

（3）了解带传动实验台的工作原理和相关仪表。

5.5.2 实验设备与原理

带传动实验设备为 PC-B 型皮带传动试验台。其结构如图 5.5.1 所示。

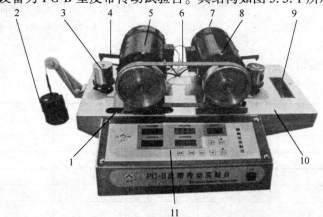

图 5.5.1 带传动实验台主要结构图

1—电机移动底板；2—砝码和砝码架；3—力传感器；4—转矩力测杆；5—主动电动机；
6—平皮带；7—光电测速装置；8—发电机；9—灯泡组；10—机座机壳；11—控制面板

带传动滑差率计算：$\varepsilon = \dfrac{n_1 - n_2}{n_1} \times 100\%$

带传动效率计算：$\eta = \dfrac{P_2}{P_1} = \dfrac{T_2 \cdot n_2}{T_1 \cdot n_1} \times 100\%$

式中 n_1、n_2 分别为主动轮和从动轮转速；P_1，P_2 分别为主动轮和从动轮功率；T_1，T_2 分别为主动轮和从动轮转矩。

5.5.3 实验步骤

（1）熟悉面板上各旋钮和仪表。

（2）将传动带套装在两带轮上，挂上砝码，使传动带张紧。

（3）将调速旋钮逆时针旋到底，按下电源开关。

（4）慢慢地沿顺时针方向旋转调速按钮，使电机从开始运转逐渐加速到 1100～1200r/min 左右，并记录一组 n_1、n_2、T_1、T_2 数据。

（5）打开一个灯泡（即加载），并再次记录一组 n_1、n_2、T_1、T_2 数据，注意此时 n_1 和 n_2 之间的差值，即观察带的弹性滑动现象。

（6）逐渐增加负载（即每次打开一个 40W 的灯泡），重复第（4）步，直到 $\varepsilon \geqslant 3\%$ 左右，即带传动开始进入打滑区（n_2 比 n_1 少 100r 左右），把上述所得数据记在表 5.5.1 中。若再打开灯泡则 n_1 和 n_2 之差值迅速增大。

（7）关上所有的灯泡，将调速旋钮逆时针旋到底，加砝码，重复（3）～（5）步，观察预紧力对带传动传动能力的影响以及滑差率 ε 和效率 η 的变化。

（8）实验结束后，首先将负载卸去，然后将调速旋钮逆时针方向旋转到底，关掉电源开关，取下带的预紧砝码。

（9）整理实验数据，绘制滑差率曲线和效率曲线，如图 5.5.2 所示，写出实验报告。

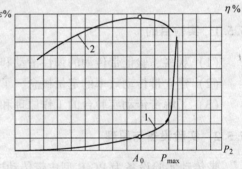

图 5.5.2　带传动滑差率曲线和效率曲线
1—滑差率曲线；2—效率曲线

5.5.4 实验要求

（1）将实验数据结果填入表 5.5.1 中。

表 5.5.1　实验数据记录

参数 序号	$n_1/\mathrm{r} \cdot \mathrm{min}^{-1}$	$n_2/\mathrm{r} \cdot \mathrm{min}^{-1}$	$T_1/\mathrm{N} \cdot \mathrm{m}$	$T_2/\mathrm{N} \cdot \mathrm{m}$	$\varepsilon/\%$	$\eta/\%$
空载						
加载 1						
加载 2						
加载 3						
加载 4						
加载 5						
加载 6						

（2）绘出带传动的滑差率曲线和效率曲线。

（3）实验结果分析与讨论。

5.6　减速器拆装实验

5.6.1　实验目的

（1）熟悉减速器的一般结构，了解减速器各种零件的结构、用途及零件间的相互关系。

（2）了解减速器的拆装和调整过程。

5.6.2　实验设备及工具

（1）实验设备主要包括单级圆柱齿轮减速器、二级展开式圆锥-圆柱齿轮减速器、一级蜗杆蜗轮减速器等实物模型。

（2）拆装和测量的工具主要有扳手、钢板尺、木槌、起子、内外卡钳、卡尺等。

5.6.3　实验步骤

（1）开盖前先观察减速器外形，判断传动方式、级数、输入、输出轴的位置。

（2）拧下箱盖和箱座连接螺栓，拧下端盖螺钉（嵌入式端盖除外），拔出定位销，借助起盖螺钉打开箱盖。

（3）仔细观察机体内零件的结构，布置位置以及定位方式。具体有：轴系零件的定位方式，轴承的类型与安装方式（正、反装，轴承游隙的调整），布置方法以及润滑密封方式，机体附件的用途、结构和安装位置（通气器、油标、油塞、起盖螺钉、定位销）。除此之外，还需注意轴承旁凸台的设计，工艺上减少加工面所采取的一些措施等。

（4）卸下轴承端盖，将轴和轴上零件一起从机体内取出，按合理的顺序拆卸轴上的零件。

（5）拆、量、观察分析过程结束后，按拆卸的反顺序装配好减速器。

5.6.4　思考题

（1）如何减轻机体的质量和减少加工面积？

（2）减速器的附件的作用是什么，机体是如何布置的？

（3）上安装齿轮的一端总要设计成轴肩（或轴环）结构，为什么此处不用轴套？

5.7　机构运动方案创新设计实验

5.7.1　实验目的

（1）加深学生对机构组成理论的认识，熟悉杆组概念，为机构创新设计奠定良好的基础。

（2）利用"机构运动方案创新设计实验台"提供的零件，拼接各种不同的平面机构，以培养学生机构运动创新设计意识及综合设计的能力。

（3）训练学生的工程实践动手能力。

5.7.2 实验设备及工具

5.7.2.1 机构运动方案创新设计实验台零件及主要功用

（1）凸轮和高副锁紧弹簧：凸轮基圆半径为 18mm，从动推杆的行程为 30mm。从动件的位移曲线是升-回型，且为正弦加速度运动；凸轮与从动件的高副形成是依靠弹簧力的锁合。

（2）齿轮：模数 2，压力角 20°，齿数 34 或 42，两齿轮中心距为 76mm。

（3）齿条：模数 2，压力角 20°，单根齿条全长为 422mm。

（4）槽轮拨盘：两个主动销。

（5）槽轮：四槽。

（6）主动轴：动力输入用轴。轴上有平键槽，利用平键可与皮带轮连接。

（7）转动副轴（或滑块）-3：主要用于跨层面（即非相邻平面）的转动副或移动副的形成。

（8）扁头轴：又称从动轴，轴上无键槽，主要起支撑及传递运动的作用。

（9）主动滑块插件：与主动滑块座配用，形成作往复运动的滑块（主动构件）。

（10）主动滑块座和光槽片：与直线电机齿条固连形成主动构件，且随直线电机齿条作往复直线运动。光槽片在光槽行程开关之间运动以控制直线电机齿条的往复行程。

（11）连杆（或滑块导向杆）：其长槽与滑块形成移动副，其圆孔与轴形成转动副。

（12）压紧连杆用特制垫片：固定连杆时用。

（13）转动副轴（或滑块）-2：轴的一端与固定转轴块（20）配用时，可在连杆长槽的某一选定位置形成转动副，轴的另一端与连杆长槽形成移动副。

（14）转动副轴（或滑块）-1：用于两构件形成转动副。

（15）带垫片螺栓：规格 M6，转动副轴与连杆之间构成转动副或移动副时用带垫片螺栓连接。

（16）压紧螺栓：规格 M6，转动副轴与连杆形成同一构件时用该压紧螺栓连接。

（17）运动构件层面限位套：用于不同构件运动平面之间的距离限定，避免发生运动构件间的运动干涉。

（18）电机皮带轮、主动轴皮带轮和皮带涨紧轮：电机皮带轮为双槽，可同时使用两根皮带分别为两个不同的构件输入主动运动。主动轴皮带轮和皮带涨紧轮分别与主动轴配用。

（19）盘杆转动轴：盘类零件（1）、（2）、（4）、（5）、（22）与连杆构成转动副时用。

（20）固定转轴块：用螺栓（21）将固定转轴块锁紧在连杆长槽上，（13）件可与该连杆在选定位置形成转动副。

（21）螺栓和特制螺母：用于两连杆之间的连接；用于固定形成凸轮高副的弹簧；用于锁紧连接件。

（22）曲柄双连杆部件：一个偏心轮与一个活动圆环形成转动副，且已制作成一组合件。

（23）齿条导向板：用两根齿条导向板将齿条（3）夹紧其间，并形成一导向槽，可保证齿轮与齿条的正常啮合。

（24）转滑副轴：轴的扁头主要用于两构件形成转动副；轴的圆头用于两构件形成移动副。

（25）与直线电机齿条啮合的齿轮用轴：同与直线电机齿条啮合的齿轮（26）配用，可输入往复摆动的主动运动。

（26）与直线电机齿条啮合的齿轮：与直线电机齿条啮合的特制齿轮。

（27）标准件：安装电机座和行程开关支座用内六角螺栓、平垫。

（28）滑块：用于支撑轴类零件，与实验台机架（29）上的立柱配用。

（29）实验台机架：机构运动方案拼接操作台架。

（30）立柱垫圈：锁紧立柱时用。

（31）锁紧滑块方螺母：起固定滑块的作用。

（32）～（39）参看"机构运动方案创新设计实验台零部件清单"中的说明。

（40）直线电机、旋转电机：直线电机为主动构件输入往复直线运动或往复摆动运动；旋转电机为主动构件输入旋转运动。

（41）～（42）参看"机构运动方案创新设计实验台零部件清单"中的说明。

直线电机：10mm/s。直线电机安装在实验台机架底部，并可沿机架底部的长槽移动电机。直线电机的齿条为机构的主动构件输入直线往复运动或往复摆动运动。在实验中，允许齿条单方向的最大直线位移为290mm，实验者可根据主动滑块的位移量（即直线电机的齿条位移量）确定两光槽行程开关的相对间距，并且将两光槽行程开关的最大安装间距限制在290mm范围内。

直线电机控制器：控制器面板如图5.7.1所示。本控制器采用电子组合设计方式，控制电路采用低压电子集成电路和微型密封功率继电器，并采用光槽作为行程开关，使用安全。控制器的前面板为LED显示方式，当实验者面对控制器的前面板观看时，控制器上的发光管指示直线电机齿条的位移方向。控制器的后面板上置有电源引出线及开关、与直线电机相连的4芯插座、与光槽行程开关相连的5芯插座和1A保险管。

直线电机控制器使用注意事项：（1）严禁带电进行连线操作；（2）若出现行程开关失灵情况，请立即关闭直线电机控制器的电源开关；（3）直线电机外接线上串联接线塑料盒，严禁挤压、摔打塑料盒，以防塑料盒破损造成触电事故发生。

旋转电机：10r/min，旋转电机安装在实验台机架底部，并可沿机架底部的长形槽移动电机。电机上连有～220V、50Hz的电源线及插头，连线上串联电源开关。

旋转电机控制器使用注意事项：旋转电机外接连线上串联接线塑料盒，严禁挤压、摔打塑料盒，使用中轻拿轻放，以防塑料盒破损造成触电事故发生。

5.7.2.2 工具

M5、M6、M8内六角扳手，6英寸或8英寸活动扳手，1m卷尺，笔和纸。

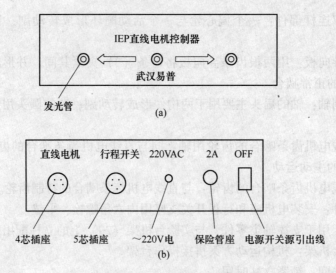

图 5.7.1　控制器面板图

（a）前面板；（b）后面板

5.7.3　实验原理

任何机构都是通过由自由度为零的若干杆组，依次连接到原动件（或已经形成的简单机构）和机架上的方法组成。

5.7.4　实验方法与步骤

（1）掌握实验原理。

（2）根据 5.7.2 节的内容介绍熟悉实验设备的零件组成及零件功用。

（3）自拟机构运动方案或选择实验指导书中提供的机构运动方案作为拼接实验内容。

（4）将拟定的机构运动方案根据机构组成原理按杆组进行正确拆分，并用机构运动简图表示之。

（5）拼装机构运动方案，并记录由实验得到的机构运动学尺寸。

5.7.5　杆组

5.7.5.1　杆组的概念

任何机构都是由机架、原动件和从动件系统，通过运动副连接而成。机构的自由度数应等于原动件数，因此封闭环机构从动件系统的自由度必等于零。而整个从动件系统又往往可以分解为若干个不可再分的、自由度为零的构件组，称为组成机构的基本杆组，简称杆组。

根据平面自由度计算公式，基本杆组应满足的条件为：

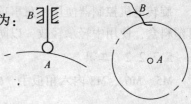

$$F = 3n - 2P_l - P_h = 0$$

其中活动构件数 n，低副数 P_l 和高副数 P_h 都必须是整数。由此可以获得各种类型的杆组。当 $n = 1$，$P_l = 1$，$P_h = 1$ 时即可获得单构件高副杆组（如图 5.7.2

图 5.7.2　单构件高副杆组

所示)。

当 $P_h = 0$ 时,称为低副杆组,即

$$F = 3n - 2P_1 = 0$$

因此满足上式的构件数和运动副数的组合为:$n = 2$,4,6,…,$P_1 = 3$,6,9,…。

最简单的杆组为 $n = 2$,$P_1 = 3$,称为 Ⅱ 级组,由于杆组中转动副和移动副的配置不同,Ⅱ级杆组共有如图5.7.3所示五种形式。

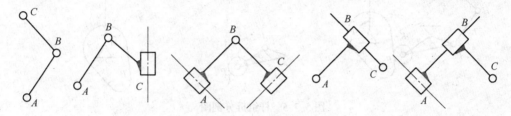

图5.7.3 平面低副 Ⅱ 级杆组

$n = 4$,$P_1 = 6$ 的杆组称为 Ⅲ 级杆组,其形式较多,图5.7.4所示的是几种常见的 Ⅲ 级杆组。

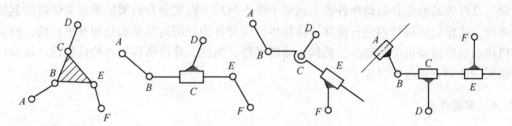

图5.7.4 平面低副 Ⅲ 级杆组

5.7.5.2 机构的组成原理

根据如上所述,可将机构的组成原理概述为:任何平面机构均可以用零自由度的杆组依次连接到原动件和机架上去的方法来组成。这是本实验的基本原理。

5.7.5.3 正确拆分杆组

正确拆分杆组有三个步骤:(1)先去掉机构中的局部自由度和虚约束,有时还要将高副加以低代;(2)计算机构的自由度,确定原动件;(3)从远离原动件的一端(即执行构件)先试拆分 Ⅱ 级杆组,若拆不出 Ⅱ 级组时,再试拆 Ⅲ 级组,即由最低级别杆组向高一级杆组依次拆分,最后剩下原动件和机架。

正确拆组的判定标准是:拆去一个杆组或一系列杆组后,剩余的必须仍为一个完整的机构或若干个与机架相连的原动件,不允许有不成杆组的零散构件或运动副存在,否则这个杆组拆分错误。每当拆出一个杆组后,再对剩余机构拆组,并按第(3)步骤进行,直到剩下与机架相连的原动件为止。

如图5.7.5所示机构,可先除去 K 处的局部自由度;然后,按步骤(2)计算机构的自由度($F = 1$),并确定凸轮为原动件;最后根据步骤(3)的要领,先拆分出由构件4和5组成的 Ⅱ 级组,再拆分出由构件3和2及构件6和7组成的两个 Ⅱ 级组及由构件8组成的单构件高副杆组,最后剩下原动件1和机架9。

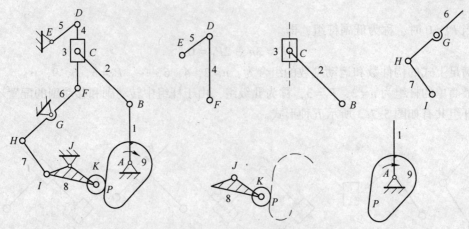

图 5.7.5　杆组拆分例图

5.7.5.4　正确拼装运动副及机构运动方案

根据拟定或由实验中获得的机构运动学尺寸，利用机构运动方案创新设计实验台提供的零件按机构运动的传递顺序进行拼接。拼接时，首先要分清机构中各构件所占据的运动平面，其目的是避免各运动构件发生运动干涉。然后，以实验台机架铅垂面为拼接的起始参考面，按预定拼接计划进行拼接。拼接中应注意各构件的运动平面是相互平行的，所拼接机构的延伸运动层面数越少，机构运动越平稳，为此，建议机构中各构件的运动层面以交错层的排列方式进行拼接。

5.7.6　实验作业

下列各种机构均选自于工程实践，要求任选一个机构运动方案，根据机构运动简图初步拟定机构运动学尺寸后（机构运动学尺寸也可由实验法求得），再进行机构杆组的拆分，完成机构拼接设计实验。

机构：蒸汽机机构、自动车床送料机构、六杆机构、双摆杆摆角放大机构、转动导杆与凸轮放大升程机构、起重机机构、冲压送料机构、铸锭送料机构、插床的插削机构、插齿机主传动机构、刨床导杆机构、碎矿机机构、曲柄增力机构、曲柄滑块机构与齿轮齿条机构的组合、曲柄摇杆机构、四杆机构、曲柄滑块机构。

在完成上述基本实验要求的基础上，实验者可利用不同的杆组进行机构创新实验。

6 工程流体力学

6.1 局部阻力系数测定

6.1.1 实验目的

（1）用实验方法测定三种局部管件（突扩、突缩和阀门）在流体流经管路时的局部阻力系数。

（2）学会局部水头损失的测定方法并将管道局部水头损失系数的实测值与理论值进行比较。

（3）观察水流经局部阻力区的测压管水头（水压）及水流变化情况。

6.1.2 实验原理

局部阻力系数测定的主要部件为局部阻力实验管路，它由细管和粗管组成一个突扩和一个突缩组件，并在等直细管的中间段接入一个阀门组件。每个阻力组件的两侧一定间距的断面上都设有测压孔，并用测压管与测压板上相应的测压管相连接。当流体流经实验管路时，可以测出各测压孔截面上测压管的水柱高度及前后截面的水柱高度差 Δh。实验时还需要测定实验管路中的流体流量。由此可以测算出水流流经各局部阻力组件的水头损失 h_ξ，从而最后得出各局部组件的局部阻力系数 ξ。计算公式为：

$$h_\xi = (h_1 - h_2) + \frac{v_1^2 - v_2^2}{2g}, \quad \xi = \frac{h_\xi}{v^2/2g}$$

式中：h_1，h_2 为阻力组件前、后的水柱高度，m；v_1，v_2 为阻力组件前、后的水流流速 m/s；g 为重力加速度，m/s^2。

计算局部阻力系数 ξ 时的流速指流经局部组件后的流速 v_2，经突然扩大断面时也可用流经该局部组件前的流速 v_1。这点在计算时要特别注意。

上述计算中都略去了管路的沿程阻力损失。

6.1.3 实验装置

实验装置的整体结构如图 6.1.1 所示。装置主要由电测流量装置及其计量水箱、流量显示仪、出水阀门、局部阻力实验管路、测压管、实验台桌、进水阀门、储水箱、水泵等组成。利用水泵将储水箱中的水打入实验管路，然后利用进水阀门和出水阀门，可以控制和调节出水流量。阀门的下面装有回水箱和计量水箱，计量水箱中装有流量测量装置，可以由此在流量显示仪上直接显示出实验时的流体流量（数字显示出流体积 W(L) 和相应的出流时间 t(s)，从而可算出实验管路的流体流量）。放水时的回流流体可以经集水箱回流到储水箱中。测压板上的测压管是用橡胶管与各测试截面上的测压孔相连，由此在实验时可以显示出各截面的测管水头高度及其前后截面的水头差值。

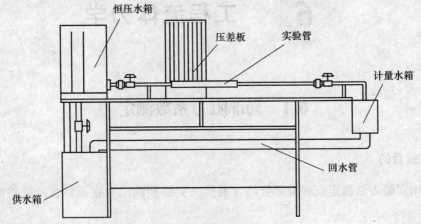

图 6.1.1   实验装置整体结构图

6.1.4   注意事项

（1）实验必须在水流稳定后方可进行。

（2）计算局部水头损失系数时，应注意选择相应的流速水头；所选量测断面应选在渐变流断面上，尤其下游断面应选在旋涡区的末端，即主流恢复并充满全管的断面上。

6.1.5   实验内容与步骤

6.1.5.1   实验前的准备

（1）熟悉实验装置的结构及其流程。

（2）进行排气处理。按下流量显示仪上的水泵开关，启动水泵，然后慢慢打开出水阀门时水流经过实验管路。在此过程中，观察和检查管路系统和测压管及其导管中有无气泡存在，应尽可能利用试验管路上的放气阀门或用其他有效措施将系统中存在的气体排尽。

（3）检查并调整电测流量装置，使其能够正常可靠地工作。

6.1.5.2   进行实验测录数据

（1）调节进水阀门和出水阀门，使各组压差达到测压管可测量的最大高度。

（2）在水流稳定时，测读测压管的液柱高和前后的压差值。

（3）在此工况下用电测流量装置测定流量。

（4）调节出水阀门，适当减小流量，测读在新的工况下的实验结果。

如此，可做 3~5 个实验点（注意：实验点的压差值不宜太接近）。

6.1.6   问题思考

（1）试分析实测 ξ 与理论计算 ξ 有什么不同，原因何在。

（2）相同管径变化条件下，相应于同一流量，其突然扩大的 ξ 值是否一定大于突然

缩小的 ξ 值?

6.1.7 实验作业

（1）将实验所得测试结果及实验装置的必要技术数据记入表 6.1.1 中。

（2）计算出前后截面的水柱高度差值及相应工况的流量填入表 6.1.2 中。

（3）计算出各局部阻力组件的阻力水头损失 h_ξ 和局部阻力系数 ξ，并列入表 6.1.3 中。

表 6.1.1　测量结果

No.	h_1/m	h_2/m	h_3/m	h_4/m	h_5/m	h_6/m	W/L	t/s
1								
2								
3								
4								
5								

表 6.1.2　前后截面水柱高度差及相应的工况

No.	Δh_{12}	Δh_{23}	Δh_{34}	Δh_{56}	$Q/m^3 \cdot s^{-1}$	备注
1						
2						
3						
4						
5						

表 6.1.3　阻力水头损失与局部阻力系数

No.	突扩		突缩		阀门		备注
	h_ξ/m	v	h_ξ/m	ξ	h_ξ/m	ξ	
1							
2							
3							
4							
5							

（4）将实验测试结果与理论计算及参考资料的数据相比较，并进行分析和讨论。

6.2　孔口、管嘴各项系数的测定

6.2.1　实验目的

（1）观察典型孔口和管嘴自由出流的水力现象与圆柱管嘴的局部真空现象。

（2）测定孔口、管嘴自由出流的各项系数：收缩系数 ε，流量系数 μ，流速系数 φ 和阻力系数 ξ。

6.2.2　实验原理

（1）孔口出流，如图 6.2.1 所示。对 $d/H <$ 0.1 的小孔口，当为完全收缩时，由于水流惯性作用，在离孔口约 $d/2$ 的 C-C 断面处，水股断面收缩到最小，该收缩断面 A_c 与孔口断面积 A 的关系为 $A_c = \varepsilon A$，ε 称为收缩系数。

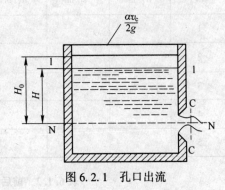

图 6.2.1　孔口出流

对水面 1-1 与收缩断面 C-C 列能量方程式，可得：

$$H_0 = (1 + \xi_c) \frac{v_c^2}{2g}$$

由此得：

$$v_c = \frac{1}{\sqrt{1 + \xi_c}} \sqrt{2gH_0}$$

令 $\varphi = \dfrac{1}{\sqrt{1 + \xi_c}}$，则 $v_c = \varphi \sqrt{2gH_0}$。

式中，v_c 为孔口出流收缩断面上的流速，m/s；H_0 为孔口的作用水头，m；φ 为孔口流速系数，根据实测，由于 $\xi_c = 0.06$，所以 $\varphi = \dfrac{1}{\sqrt{1+\xi_c}} = \dfrac{1}{\sqrt{1+0.06}} = 0.97$。

孔口的出流量：　　　　$Q = A_c v_c = A_c \varphi \sqrt{2gH_0}$

即　　　　　　　　　　$Q = \varepsilon \varphi A \sqrt{2gH_0}$

设　　　　　　　　　　$\varepsilon \varphi = \mu$

则　　　　　　$Q = \mu A \sqrt{2gH_0}$

式中，Q 为孔口出流的流量，m^3/s；μ 为孔口的流量系数。根据实测对于圆形薄壁小孔口，$\varepsilon = 0.64$，$\varphi = 0.97$，所以 $\mu = 0.62$；A 为孔口面积，m^2。

（2）管嘴出流，如图 6.2.2 所示。当器壁较厚或孔口上加接短管并且器壁厚度或管长相当于孔口直径的 3~4 倍时，则称作管嘴，也叫做厚壁孔口。这种出流现象称作管嘴出流。在

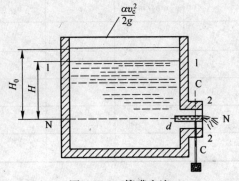

图 6.2.2　管嘴出流

管嘴内存在收缩断面 C-C，液流在随后扩大时，将出现旋涡区，常称这种收缩为内部收缩。

对水面 1-1 与管嘴出口断面 2-2 处列能量方程得：

$$H_0 = (1 + \xi) \frac{v_2^2}{2g}$$

由此得管嘴出流的流速：

$$v = v_2 = \frac{1}{\sqrt{1 + \xi}} \sqrt{2gH_0}$$

令 $\dfrac{1}{\sqrt{1 + \xi}} = \varphi$，代入上式后得：$v = \varphi \sqrt{2gH_0}$

式中，v 为管嘴出流的流速，m/s；H_0 为管嘴的作用水头，m；φ 为管嘴的流速系数。

由于 $\xi = 0.5$，因此 $\varphi = \dfrac{1}{\sqrt{1 + 0.5}} = 0.82$

通过管嘴的流量：$Q = \mu A \sqrt{2gH_0}$

式中，Q 为管嘴的出流流量，m^3/s；A 为管嘴的过流面积，m^2；H_0 为管嘴的作用水头，m；μ 为管嘴的流量系数。

对于圆柱形外管嘴，由于出口断面没有收缩，因此流量系数等于流速系数。即 $\mu = \varphi = 0.82$，通过实验，可测量出圆柱形外管嘴在 C-C 处出现收缩端面，而产生真空。真空度能够达到作用水头的 0.75 倍，这相当于把作用水头增大 75%，因此管嘴出流的流量大于孔口出流的流量。

6.2.3 实验装置

图 6.2.3 中实验设备的稳定水箱侧壁上设置有两种形状孔口以及圆柱与圆锥管嘴，箱内有整流板、溢流板以保持水头恒定，孔口和管嘴上安装门盖以控制出流。在圆柱形管嘴收缩断面处设测压管以观察真空现象并测量真空值。实测量可用称重法。秒表自备。

6.2.4 注意事项

（1）实验过程中应保持微小溢流。

（2）改变出流情况，可转动旋转圆盘，为避免水流满地，一般应停泵操作。

（3）本仪器有实测管嘴真空值的装置但一般达不到理论值：为作用水头的 0.75 倍。

（4）孔口出流的收缩系数 ε，不易量测，在计算中可采用 $\varepsilon = 0.64$。

6.2.5 实验内容与步骤

（1）记录有关常数，如孔口与管嘴的直径、出口中心高等。

（2）观察各种薄壁孔口出流水股的收缩现象，测量出流收缩断面尺寸，计算收缩断面面积，测量孔口收缩管嘴的作用水头，一般应测 3~5 次，并取其平均值。

（3）量测管口与管嘴出流的流量，并重复测三次或三次以上。

（4）根据实测数据，计算各项系数。

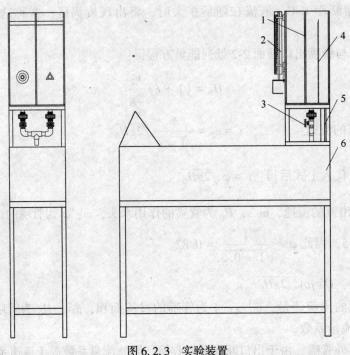

图 6.2.3　实验装置

1—整流板；2—测压真空管；3—上水阀；4—溢流板；5—回水管；6—源水箱

6.2.6　实验作业

结合实验中观测到的不同类型管嘴与孔口出流的流股特征，分析流量系数不同的原因及增大过流能力的途径。

6.3　雷　诺　实　验

6.3.1　实验目的

（1）实际观察流体的两种形态，加深对层流和紊流的认识。

（2）测定液体（水）在圆管中流动的临界雷诺数——下临界雷诺数，学会其测定的方法。

6.3.2　实验原理

同一种液体在同一管道中流动，当流速不同时，流体可有两种不同的流态。当流速较小时，管中水流的全部质点以平行而不互相混杂的方式分层流动，这种形态的液体流动叫层流。当流速较大时，管中水流各质点间发生互相混杂的运动，这种形态的液体流动叫做紊流。

在圆管流动中采用雷诺数来判别流态：

$$Re = \frac{vd}{\nu}$$

式中，v 为圆管水流的断面平均流速；d 为圆管直径；ν 为水流的运动黏滞系数。

当 $Re < Re_{cr}$（下临界雷诺数）时为层流状态，$Re_{cr} = 2320$；

当 $Re > Re'_{cr}$（上临界雷诺数）时为紊流状态，Re'_{cr} 在 4000~12000 之间。

6.3.3 实验装置

实验装置的结构示意图如图 6.3.1 所示。恒压水位靠水箱溢流来维持不变的水位。在水箱的下部装有水平放置的雷诺试验管，实验管与水箱相通，恒压水箱中的水可以经过实验管恒定出流，实验管的右端装有出水阀门，可用以调节出水的流量。阀门的下面装有回水水箱，在恒压水箱的上部装有色液罐，其中的颜色液体可经细管引流到实验管的进口处。色液罐的下部装有调节小阀门，可以用来控制和调节色液液流。雷诺仪还设有储水箱，有水泵向实验系统供水，而实验的回流液体可经集水管回流到储水箱中。

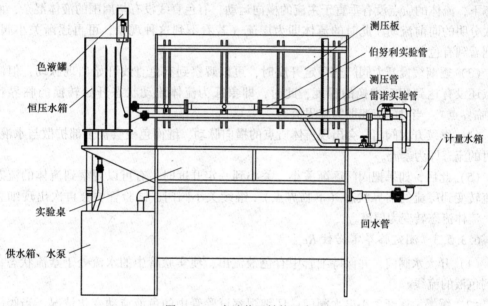

图 6.3.1 实验装置结构示意图

6.3.4 注意事项

（1）在整个试验过程中，要特别注意保持水箱内的水头稳定。每变动一次阀门开度，均待水头稳定后再测流量和水头损失。

（2）在流动形态转变点附近，流量变化的间隔要小些，使测点多些以便准确测量临界雷诺数。

（3）在层流流态时，由于流速较小，所以水头损失值也较小，应耐心、细致地多测几次。同时注意不要碰撞设备并保持实验环境的安静，以减少扰动。

6.3.5 实验步骤

6.3.5.1 实验前的准备

（1）打开进水阀门后，启动水泵，向恒水位水箱加水。

（2）在水箱的水位达到溢流水平，并保持一定的溢流。

（3）适度打开出水阀门，使实验管出流，此时，恒水位水箱仍要求保持恒水位，否则，可再调节阀门，使其达到恒水位，应一直保持有一定的溢流（注意：整个实验过程中都应满足这个要求）。

（4）检查并调整电测流量装置，使其能够正常工作。

（5）测量水温。

6.3.5.2　进行实验观察流态

具体操作如下：

（1）微开出水阀门，使实验管中水流有稳定而较小的流速。

（2）微开色液罐下的小阀门，使色液从细管中不断流出，此时，可能看到管中的色液液流与管中的水流同步在直管中沿轴线向前流动，色液呈现一条细直流线，这说明在此流态下，流体的质点没有垂直于主流的横向运动，有色直线没有与周围的液体混杂，而是层次分明的向前流动。此时的流体即为层流（若看不到这种现象，可再逐渐关小阀门，直到看到有色直线为止）。

（3）逐渐缓慢开大阀门至一定开度时，可以观察到有色直线开始出现脉动，但流体质点还没有达到相互交换的程度，此时，即象征为流体流动状态开始转换的临界状态（上临界点），当时的流速即为临界流速。

（4）继续开大阀门，会出现流体质点的横向脉动，继而色线会被全部扩散与水混合，此时的流态即为紊流。

（5）此后，如果把阀门逐渐关小，关小到一定开度时，有可以观察到流体的流态从紊流转变到层流的临界状态（下临界点）。继续关小阀门，试验管中会再次出现细直色线，流体流态转变为层流。

6.3.5.3　测定临界雷诺数 Re_{cr}

（1）开大水阀门，并保持细管中有色液流出，使实验管中的水流处于紊流状态，看不到色液的流线。

（2）缓慢地逐渐关小出水阀门，仔细观察试验管中的色液流动变化情况，当阀门关小到一定开度时，可看到试验管中色液出口处开始有有色脉动流线出现，但还没有达到转变为层流的状态，此时，即象征为紊流转变为层流的临界状态。

（3）在此临界状态下测量出水流的流量，具体步骤为：1）关闭计量水箱的出水阀门；2）扳动出水阀门下面的出水水嘴，使出流的水流入计量水箱中；3）待水流入计量水箱中时（并关闭计量水箱的回水阀），即可开始计量。

6.3.6　问题思考

（1）要使注入的颜色水能确切反映水流状态，应注意什么问题？

（2）如果压差计用倾斜管安装，压差计的读数差是不是沿程水头损失值？管内用什么性质的液体比较好？其读数怎样进行换算为实际压强差值？

6.3.7　实验记录

将实验数据记录在表 6.3.1 中。

表 6.3.1 实验数据记录

次数	W/mL	t/s	$Q/\text{m}^3 \cdot \text{s}^{-1}$	临界流速 $v_{cr}/\text{m} \cdot \text{s}^{-1}$	临界雷诺数 Re_{cr}	附注
1						实验管内径
2						$d=$ mm
3						水温： ℃

6.4 伯努利方程验证

6.4.1 实验目的

（1）观察流体流经能量方程试验管的能量转化情况，对实验中出现的现象进行分析，加深对能量方程的理解。

（2）掌握一种测量流体流速的方法。

（3）验证静压原理。

6.4.2 实验原理

当理想不可压缩流体在重力场中沿管线做定常流动时，流体的流动遵循伯努利能量方程。即：

$$Z + \frac{p}{\gamma} + \frac{u^2}{2g} = 常数$$

式中，Z 为位置水头；$\dfrac{u^2}{2g}$ 为速度水头；$\dfrac{p}{\gamma}$ 为压力水头。

实际流体都是有黏性的，因此在流动过程中由于摩擦而造成能量损失。此时的能量方程变为：

$$Z_1 + \frac{p_1}{\gamma} + \frac{u_1^2}{2g} = Z_2 + \frac{p_2}{\gamma} + \frac{u_2^2}{2g} + h_w$$

其中能量损失 h_w 是由沿程能量损失 h_f 和局部能量损失 h_j 两部分组成。

本实验就是通过观察和测量对流体在静止与流动时上述的能量转化与守恒定律的验证。

6.4.3 实验装置

在实验桌上和雷诺共用一个稳压水箱、恒压水箱、计量水箱、水泵。由实验管路、毕托管、测压管、压差板、控制阀门和计量水箱组成。

6.4.4 注意事项

在整个试验过程中，要特别注意保持水箱内的水头稳定。每变动一次阀门开度，均待水头稳定后再量测流量和水头损失。

6.4.5 实验步骤

（1）验证静压原理：启动水泵，等水灌满管道后，关闭两端阀门，这时观察能量方程实验管上各个测压管的液柱高度相同，因管内的水不流动没有流动损失，因此静止不可压缩均布重力流体中，任意点单位质量的位势能和压力势能之和保持不变，测点的高度和测点的前后位置无关。

（2）测速：能量方程实验管上的每一组测压管都相当于一个毕托管，可测得管内任意一点的流体点速度，本实验台已将测压管开口位置设在能量方程实验管的轴心，故所测得动压为轴心处的，即最大速度。

毕托管求点速度公式：
$$v_p = \sqrt{2g\Delta h}$$

求平均流速公式：
$$v = \frac{Q}{F}$$

根据以上公式计算某一工况各测点处的轴心速度和平均流速填入表 6.4.1 中，可验证出连续性方程。对于不可压缩流体稳定的流动，当流量一定时，管径粗的地方流速小，细的地方流速大。

表 6.4.1 某工况各测点轴心速度与平均速度

序号＼项目	液体总量 Q_0/m^3	计时时间 t/s	单位时间流量 $Q_1/\text{m}^3 \cdot \text{s}^{-1}$	压差 $\Delta h/\text{m}$	计算流量 $Q_2/\text{m}^3 \cdot \text{s}^{-1}$	流量系数 ζ
1						
2						
3						
4						
5						

（3）观察和计算流体、流径，能量方程实验管对能量损失的情况：在能量方程实验管上布置四组测压管，每组能测出全压和静压，全开阀门，观察总压沿着水流方向下降，说明流体的总势能沿着流体的流动方向是减少的，改变给水阀门的开度，同时计量不同阀门开度下的流量及相应的四组测压管液柱高度，进行记录和计算。

6.4.6 问题思考

实验数据与理论数据是否吻合？误差在什么地方？如何减小误差？

6.5 沿程阻力系数的测定

6.5.1 实验目的

（1）观察和测试流体在等直管道中流动时的能量损失情况。

(2) 掌握测定管道沿程水头损失系数 λ 的方法。

(3) 了解阻力系数在不同雷诺数下的变化情况，绘制沿程水头损失系数 λ 与雷诺数 Re 的对数关系曲线。

6.5.2 实验原理

实际液体具有黏滞性，当其沿固定边界流动时，由于液体内部的摩擦阻力和液体与固体边界的相互作用而呈现出阻力，为克服这种阻力势必要消耗能量，因而产生水头损失，本实验采用顺直水平管路，其沿程水头损失可以根据伯努利方程式求得：

$$h_f = \frac{P_1 - P_2}{r} = h_1 - h_2$$

由水头损失时的理论得知：
$$h_f = \lambda \frac{Lv^2}{2dg}$$

$$\lambda = 2g \frac{dh_f}{lv^2} = B \frac{h_f}{v^2}$$

式中，$B = 2gd/L$、水管直径 d、毕托管长度 L、平均流速 v 及压差 $h_1 - h_2$ 均可实测，故可算出 λ 值，并且，该实验装置中管径各异的不同管路组成，因此可由实验中测得不同 λ 值，并进行理论分析。

6.5.3 实验装置

流体力学综合实验装置。

6.5.4 注意事项

(1) 泵启动时，导压管中存有大量气泡，一定要将其排除干净后才能做实验。

(2) 启动水泵前一定要检查进水阀是否打开。

(3) 读取压差时要在压差稳定后读取。

(4) 选择好实验管道后要注意是否有不应打开的阀门，要注意压差板上压差的变化，调节合适的流量。

6.5.5 实验步骤

(1) 准备工作，先安装好实验管道，并用水平尺校平，保证各管道接处不泄漏，压差板垂直放正。

(2) 选择好要进行实验的管道，除开启进水阀外，其他阀门尽量关闭，以免测试不准。

实验要在压差板显示平稳后进行，为使结果更理想，还可选取不同流量下进行多次测试。

6.5.6 问题思考

(1) 如果将实验管道倾斜安装，压差计中的读数差是不是沿程水头损失值？

(2) 随着管道使用年限的增加，λ 与 Re 的关系曲线将有什么变化？

6.6　文丘里流量计流量系数的测定

6.6.1　实验目的

（1）了解文丘里流量计的构造和适用条件，测定流量系数，学习应用文丘里流量计量测管道流量的原理和技巧。

（2）验证能量方程的正确性。

6.6.2　实验原理

文丘里流量计是由渐缩管、喉管、渐扩管三部分组成，在沿程变化的流段上，前后装两根测压管，可观察能量的转化关系，以测压管轴线为基准面，写出总流量方程，求出管中理论流量为：

$$Q_0 = \frac{\pi}{4} d_2^2 \sqrt{\frac{2g\left(\dfrac{p_1}{r} - \dfrac{p_2}{r}\right)}{1 - \left(\dfrac{d_2}{d_1}\right)^4}}$$

令 $K = \dfrac{\pi}{4} d_2^2 \sqrt{\dfrac{2g}{1 - \left(\dfrac{d_2}{d_1}\right)^4}}$，$K$ 为常量，则：

$$Q_0 = K \sqrt{\left(\frac{p_1}{r}\right) - \left(\frac{p_2}{r}\right)}$$

由于实际上有能量损失，所以实测量 Q（用计量水箱测得）应小于理论计算值。

即　　　　　　　　　　　$Q = \mu Q_0 \quad \mu = \dfrac{Q}{Q_0}$

式中，μ 为文丘里计的流量系数，其值应小于1。

6.6.3　实验装置

流体力学综合实验装置。

6.6.4　注意事项

（1）实验量测必须在水流稳定后方可进行，每次调节出水阀门应缓慢，并同时注意测压管中液面高差的控制。

（2）读压差、控制阀门、量测流量的同学需要相互配合。

（3）如出现测压管冒水现象，不必惊慌，可把阀门全开，或停泵重做。

6.6.5　实验步骤

（1）准备工作，先安装好实验管道，并用水平尺校平，保证各管道接处不泄漏，压差板垂直放正。

（2）选择好要进行实验的管道，除开启进水阀外，其他阀门尽量关闭，以免测试不准。

6.6.6 问题思考

实验时，若将文丘里流量计倾斜放置，各测压管内液面高度差是否会变化？

6.7 毕托管测流速系数

6.7.1 实验目的

了解毕托管的构造和适用条件，测定流速系数，学习应用毕托管测管道流速的原理和技巧。

6.7.2 实验原理

本实验中所用的毕托管可测得滞止压强和动水压强。由于水管内水流态为紊流，所以可在同一种流量下测量管道的同一截面，求出平均流速，公式为：

$$u_{理} = C\sqrt{2 \times 9.8(h_1 - h_2)}$$

$$\overline{u_{理}} = \frac{u_1 + u_2 + \cdots + u_n}{n}$$

由水箱计量的 $Q_{实}$ 求出实际平均流速 $u_{实}$，公式为：

$$\overline{u_{实}} = \frac{4Q_{实}}{\pi d^2}$$

因有沿程损失，所以 $u_{理}$ 应大于 $u_{实}$，其中有一个系数关系，即

$$u = \frac{u_{实}}{u_{理}}$$

应为一个不大于 1 的数。

6.7.3 实验装置

流体力学综合实验装置。

6.7.4 注意事项

（1）实验量测必须在水流稳定后方可进行，每次调节出水阀门应缓慢，并同时注意测压管中液面高差的控制。

（2）读压差、控制阀门、量测流量的同学需要相互配合。

（3）如出现测压管冒水现象，不必惊慌，可把阀门全开，或停泵重做。

6.7.5 实验步骤

（1）准备工作，先安装好实验管道，并用水平尺校平，保证各管道接处不泄漏，压差板垂直放正。

（2）选择好要进行实验的管道，除开启进水阀外，其他阀门尽量关闭，以免测试不准。

7 工程热力学

7.1 二氧化碳临界状态观测及 p-V-t 关系测定

7.1.1 实验目的

（1）学会正确使用活塞式压力计、恒温器等部分热工仪器。

（2）了解 CO_2 临界状态的观测方法，增加对临界状态的感性认识。

（3）掌握 CO_2 的 p-V-t 关系的测定方法，学会用实验方法研究实际气体状态变化规律。

7.1.2 实验原理

对简单可压缩热力系统，当工质处于平衡状态时，其状态参数 p、V、t 之间有：

$$F = (p, V, t) = 0$$

或

$$t = f(p, V)$$

本实验是根据上式，采用定温方法来测定 CO_2 的 p-V 之间的关系，从而找出 CO_2 的 p-V-t 关系。

实验中，由压力计送来的压力油进入高压容器和玻璃杯上半部，迫使水银进入预先装了 CO_2 气体的承压玻璃管，CO_2 被压缩，其压力和容积通过压力计上活塞杆的进、退来调节。温度由恒温器供给的水套里的水温来调节。

实验工质二氧化碳的压力，由装在压力计上的压力表读出（如要提高精度，可由加在活塞转盘上的平衡砝码读出，并考虑水银柱高度的修正）。温度由插在恒温水套中的热电偶测定。比容首先由承压玻璃管内二氧化碳柱的高度来测量，而后再根据承压玻璃管内径均匀、截面不变等条件换算得出。

7.1.3 实验装置

整个实验装置由压力计、恒温水槽和实验台本体及其防护罩等三大部分组成，如图 7.1.1 所示。实验台本体如图 7.1.2 所示。

7.1.4 注意事项

（1）压力计的操作必须严格按照操作规程，以防损坏设备。

（2）加压不能超过 9.8MPa，以防发生爆炸。

7.1.5 实验步骤

（1）按图 7.1.1 装好实验设备，并开启实验台本体上的日光灯。

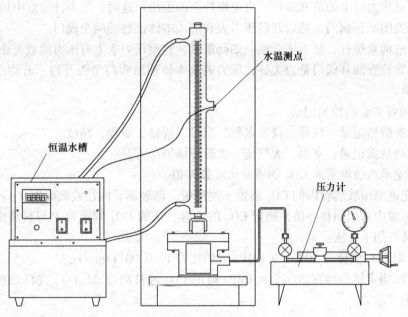

图 7.1.1 实验台系统图

（2）恒温器准备及温度调定：

1）将蒸馏水注入恒温器内，注至离盖 30 ~ 50mm。检查并接通电路。开动电动泵，使水循环对流。

2）视水温情况，开、关加热器，当水温未达到调定的温度时。恒温器指示灯是亮的，当指示灯时亮时灭闪动时，说明温度已达到所需恒温。

3）观察玻璃水套上的温度计，若其读数与恒温器上的温度计及电接点温度计标定的温度一致时（或基本一致），则可（近似）认为承压玻璃管内的 CO_2 的温度处于所标定的温度。

4）当需要改变试验温度时，重复 2）~ 3）即可。

（3）加压前的准备。

因为压力计的油缸容量比主容器容量小，需要多次从油杯里抽油，再向主容器充油，才能在压力表上显示压力读数。压力计抽油、充油的操作过程非常重要，若操作失误，不但加不上压力，还会损坏试验设备。所以，务必认真掌握，其步骤如下：

1）关压力表及其进入本体油路的两个阀门，开启压力计上油杯的进油阀。

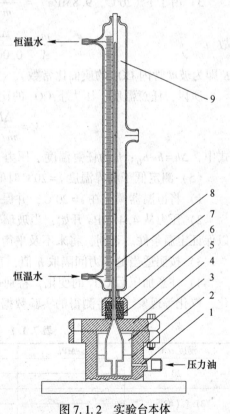

图 7.1.2 实验台本体

1—高压容器；2—玻璃杯；3—压力油；4—水银；
5—密封填料；6—填料压盖；7—恒温水套；
8—承压玻璃管；9—CO_2 空间

2）摇退压力计上的活塞螺杆，直至螺杆全部退出。这时，压力计油缸中抽满了油。

3）先关闭油杯阀门，然后开启压力表和进入本体油路的两个阀门。

4）摇进活塞螺杆，使本体充油。如此重复，直至压力表上有压力读数为止。

5）再次检查油杯阀门是否关好，压力表及本体油路阀门是否开启。若均已调定，则可进行实验。

（4）做好实验的原始记录。

1）设备数据记录：仪器、仪表名称、型号、规格、量程、精度。

2）常规数据记录：室温、大气压、实验环境情况等。

3）测定承压玻璃管内 CO_2 的质面比常数 K 值。

由于充进承压玻璃管内的 CO_2 质量不便测量，而玻璃管内径或截面积（A）又不易测准，因而实验中采用间接办法来确定 CO_2 的比容，认为 CO_2 的比容 V 与其高度是一种线性关系。具有如下方法：

1）已知 CO_2 液体在 $20℃$，$9.8MPa$ 时的比容 $V = 0.00117 m^3/kg$。

2）实际测定试验台在 $20℃$，$9.8MPa$ 时的 CO_2 液柱高度 $\Delta h_0(m)$（注意玻璃水套上刻度的标记方法）。

3）由于 v（$20℃$，$9.8MPa$）$= \dfrac{\Delta h_0 A}{m} = 0.00117 m^3/kg$，

故
$$\frac{m}{A} = \frac{\Delta h_0}{0.00117} = K \quad (kg/m^2)$$

K 即为玻璃管内 CO_2 的质面比常数。

所以，任意温度、压力下 CO_2 的比容为：

$$V = \frac{\Delta h}{m/A} = \frac{\Delta h}{K} \quad (m^3/kg)$$

式中，$\Delta h = h - h_0$；h 为任意温度、压力下水银柱高度；h_0 为承压玻璃管内径顶端刻度。

（5）测定低于临界温度 $t = 20℃$ 时的定温线。

1）将恒温器调定在 $t = 20℃$，并保持恒温。

2）压力从 $4.41MPa$ 开始，当玻璃管内水银升起来后，应足够缓慢地摇进活塞螺杆，以保证定温条件。否则，将来不及平衡，使读数不准。

3）按照适当的压力间隔取 h 值，直至压力 $p = 9.8MPa$。

4）注意加压后 CO_2 的变化，特别是注意饱和压力和饱和温度之间的对应关系以及液化、汽化等现象。要将测得的实验数据及观察到的现象一并填入表 7.1.1。

表 7.1.1 CO_2 等温实验原始记录

温度 $t/℃$	p/MPa	Δh	$V = \Delta h / K$	现象
20				
31.1（临界）				
50				

5）测定 $t = 25℃$，$t = 27℃$ 时其饱和温度和饱和压力的对应关系。

（6）测定临界等温线和临界参数，并观察临界现象。

1）按上述方法和步骤测出临界等温线，并在该曲线的拐点处找出临界压力 p_c 和临界比容 V_c，并将数据填入表7.1.1。

2）观察临界现象：

①整体相变现象。由于在临界点时，汽化潜热等于零，饱和汽线和饱和液线合于一点，所以这时汽液的相互转变不是像临界温度以下时那样逐渐积累，需要一定的时间，表现为渐变过程，而是当压力稍一变化，汽、液就以突变的形式相互转化。

②汽、液两相模糊不清现象。处于临界点的 CO_2 具有共同参数 (p, V, t) 因而不能区别此时 CO_2 是气态还是液态。如果说它是气体，那么，这个气体是接近液态的气体；如果说它是液体，那么，这个液体又是接近气态的液体。下面通过实验来证明这个结论。因为这时是处于临界温度下，如果按等温线过程来进行，使 CO_2 压缩或膨胀，那么，管内是什么也看不到的。现在，按绝热过程来进行。首先压力在7.64MPa附近，突然降压，CO_2 状态点由等温线沿绝热线降到液区，管内 CO_2 出现了明显的液面。这就是说，如果这时管内的 CO_2 是气体的话，那么，这种气体离液区很接近，可以说是接近液态的气体；在膨胀之后，突然压缩 CO_2 时，这个液面又立即消失了。这说明这时 CO_2 液体离气区也是非常接近的，可以说是接近气态的液体。因为，此时的 CO_2 既接近气态，又接近液态，所以能处于临界点附近。可以这样说：临界状态就是饱和汽、液分不清时的状态。这就是临界点附近，饱和汽、液模糊不清的现象。

（7）测定高于临界温度 $t = 50℃$ 时的等温线。将数据填入表7.1.1。

7.1.6 实验作业

（1）按表7.1.1的数据在 p-V 坐标系中画出三条等温线。

（2）将实验测得的等温线与标准等温线比较，并分析它们之间的差异及其原因。

（3）将实验测得的饱和温度与饱和压力的对应值与 t_s-p_s 曲线相比较。

（4）将实验测定的临界比容 V_c 与理论计算值一并填入表7.1.2，并分析它们之间的差异及其原因。

表 7.1.2 临界比容 V_c （m^3/kg）

标准值	实验值	$V_c = RT_c/p_c$	$V_c = 3/8$	RT/p_c
0.00216				

7.2 气体定压比热测定

7.2.1 实验目的

（1）了解气体比热容测定装置的基本原理和构思。

（2）掌握本实验热工参数温度、压力、湿度、热量、流量的测量方法。

7.2.2 实验原理

引用热力学第一定律解析式，对可逆过程有：

$$\partial q = \mathrm{d}u + p\mathrm{d}v \quad 和 \quad \partial q = \mathrm{d}h - v\mathrm{d}p$$

定压时 $\mathrm{d}p = 0$，

$$c_p = \left(\frac{\partial q}{\mathrm{d}T}\right) = \left(\frac{\mathrm{d}h - v\mathrm{d}p}{\mathrm{d}T}\right) = \left(\frac{\partial h}{\partial T}\right)_p$$

此式直接由 c_p 的定义导出，故适用于一切工质。

在没有对外界作功的气体的等压流动过程中：

$$\mathrm{d}h = \frac{1}{m}\partial Q_p$$

则气体的定压比热容 $[\mathrm{kJ/(kg \cdot ℃)}]$ 可以表示为：

$$c_{pm}\big|_{t_1}^{t_2} = \frac{Q_p}{m(t_2 - t_1)}$$

式中，m 为气体的质量流量，$\mathrm{kg/s}$；Q_p 为气体在等压流动过程中的吸热量，$\mathrm{kJ/s}$。

由于气体的实际定压比热随温度的升高而增大，是温度的复杂函数。实验表明，理想气体的比热与温度之间的函数关系甚为复杂，但总可表达为：

$$c_p = a + bt + et^2 + \cdots$$

式中，a、b、e 等是与气体性质有关的常数。在离开室温不很远的温度范围内，空气的定压比热容与温度的关系可近似认为是线性的，假定在 $0 \sim 300℃$ 之间，空气真实定压比热与温度之间进似地有线性关系：

$$c_p = a + bt$$

则温度由 t_1 至 t_2 的过程中所需要的热量可表示为：

$$q = \int_{t_1}^{t_2}(a + bt)\mathrm{d}t$$

由 t_1 加热到 t_2 的平均定压比热容则可表示为：

$$c_{pm}\big|_{t_1}^{t_2} = \frac{\int_{t_1}^{t_2}(a + bt)\mathrm{d}t}{t_2 - t_1} = a + b\frac{t_1 + t_2}{2}$$

如图 7.2.1 所示，若以 $(t_1+t_2)/2$ 为横坐标，$c_{pm}\big|_{t_1}^{t_2}$ 为纵坐标，则可根据不同温度范围的平均比热确定截距 a 和斜率 b，从而得出比热随温度变化的计算式 $a + bt$。

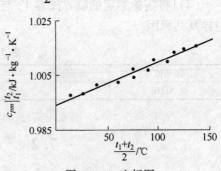

图 7.2.1　坐标图

大气是含有水蒸气的湿空气。当湿空气气流由温度 t_1 加热到 t_2 时，其中水蒸气的吸热量可用下式计算：

$$Q_w = m_w\int_{t_1}^{t_2}(1.844 + 0.0001172t)\mathrm{d}t$$

式中，m_w 为气流中水蒸气质量流量，$\mathrm{kg/s}$。

则干空气的平均定压比热容由下式确定：

$$c_{pm}\big|_{t_1}^{t_2} = \frac{Q_p}{(m - m_w)(t_2 - t_1)} = \frac{Q'_p - Q_w}{(m - m_w)(t_2 - t_1)}$$

式中，Q'_p 为湿空气气流的吸热量。

7.2.3 实验装置

装置由风机、流量计、比热仪主体、电控箱测量系统等组成，如图7.2.2所示。比热装置由多层杜瓦瓶、电热器、均流网、绝缘垫、旋流片、混流网、出口用Pt100热电阻等组成。实验时，被测空气（也可以是其他气体）由风机经流量计送入比热仪主体，经加热、均流、旋流、混流后流出。在此过程中，分别测定：气体在流量计出口处的干、湿球温度（t_0，t_w）；气体流经比热仪主体的进出口温度（t_1，t_2）；气体的体积流量（V）；电热器的输入功率（P）；以及实验时相应的大气压（B）和流量计出口处的表压（Δh）。有了这些数据，并查用相应的物性参数，即可计算出被测气体的定压比热（c_{pm}）。

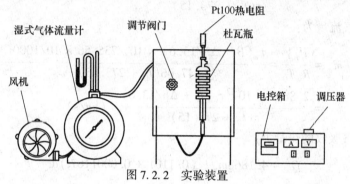

图 7.2.2　实验装置

气体的流量由节流阀控制，气体出口温度由输入电热器的功率来调节。

本比热仪可测300℃以下气体的定压比热。

7.2.4 注意事项

（1）切勿在无气流通过的情况下使电热器投入工作，以免引起局部过热而损坏比热仪主体。

（2）输入电热器的电压不得超过220V。气体出口温度不得超过300℃。

（3）加热和冷却要缓慢进行，防止温度计和比热仪主体温度骤升骤降而破裂。

（4）停止实验时，应先切断电热器，让风机继续运行15min左右（温度较低时可适当缩短）。

7.2.5 实验步骤

（1）接通电源及测量仪表，选择所需的出口用Pt100热电阻插入混流网的凹槽中。

（2）摘下流量计上的温度计，开动风机，调节节流阀，使流量保持在额定值附近。测出流量计中出口空气干球温度（t_0）和湿球温度（t_w）。

（3）将温度计插回流量计，调节流量使它保持在额定值附近。逐渐提高电热器功率，使出口温度升高至预计温度。可以根据下式预先估计所需电功率：$P \approx 12\Delta t/\tau$。式中，$P$为电热器输入功率，W；$\Delta t$为进出口温度差，℃；$\tau$为每流过10L空气所需时间，s。

（4）待出口温度稳定后（出口温度在10min之内无变化或有微小起伏，即可视为稳定），读出下列数据：每10L气体通过流量计所需时间τ(s)；比热仪进口温度（t_1，℃），即流量计的出口温度；比热仪出口温度（t_2，℃）；当时相应的大气压力B(mmHg，1mmHg=133Pa)和流量计出口处的表压Δh(mmH$_2$O，1mmH$_2$O=9.8Pa)；电热器的输入功率P(W)。

（5）根据流量计出口空气的干球温度和湿球温度，从空气的干湿图查出含湿量d(g/

kg)，并根据下式计算出水蒸气的容积成分：

$$\tau_w = \frac{d/622}{1 + d/622}$$

（6）根据电热器消耗的电功率，可算出电热器单位时间放出的热量：$\dot{Q} = P(\text{kW})$。

（7）干空气流量（质量流量）为：

$$\dot{m}_g = \frac{P_g \dot{V}}{R_g T_0} = \frac{(1 - \tau_w)(B + \Delta h/13.6) \times 10^4/735.56 \times 10/1000\tau}{29.27(t_0 + 273.15)}$$

$$= \frac{4.6447 \times 10^{-3}(1 - \tau_w)(B + \Delta h/13.6)}{\tau(t_0 + 273.15)} \quad (\text{kg/s})$$

（8）水蒸气流量为：

$$\dot{m}_w = \frac{P_w \dot{V}}{R_w T_0} = \frac{\tau_w(B + \Delta h/13.6) \times 10^4/735.56 \times 10/1000\tau}{47.06(t_0 + 273.15)}$$

$$= \frac{2.8889 \times 10^{-3}\tau_w(B + \Delta h/13.6)}{\tau(t_0 + 273.15)} \quad (\text{kg/s})$$

（9）水蒸气吸收的热量为：

$$\dot{Q}_w = 4.1868\dot{m}_w \int_{t_1}^{t_2}(0.1101 + 0.0001167t)\mathrm{d}t$$

$$= 4.1868\dot{m}_w[0.4404(t_2 - t_1) + 0.00005835(t_2^2 - t_1^2)] \quad (\text{kW})$$

（10）干空气的定压比热为：

$$c_{pm}\Big|_{t_1}^{t_2} = \frac{\dot{Q}_g}{\dot{m}_g(t_2 - t_1)} = \frac{\dot{Q} - \dot{Q}_w}{\dot{m}_g(t_2 - t_1)} \quad (\text{kJ} \cdot \text{kg}^{-1} \cdot \text{℃}^{-1})$$

（11）计算举例。某一稳定工况的实测参数为：$t_0 = 8℃$；$t_w = 7.5℃$；$B = 748.0\text{mmHg}$；$t_1 = 8℃$；$t_2 = 240.3℃$；τ 为每 10L 69.96s；$\Delta h = 16\text{mmHg}$；$P = 41.84\text{kW}$。

查干湿图得 $d = 6.3\text{g/kg}$（$\psi = 94\%$），则：

$$\tau_w = \frac{6.3/622}{1 + 6.3/622} = 0.010027$$

$$\dot{Q} = P = 41.84 \quad (\text{kW})$$

$$\dot{m}_g = \frac{4.6447 \times 10^{-3}(1 - 0.010027)(748 + 16/13.6)}{69.96(8 + 273.15)} = 175.14 \times 10^{-6} \quad (\text{kg/s})$$

$$\dot{m}_w = \frac{2.8889 \times 10^{-3} \times 0.010027(748 + 16/13.6)}{69.96(8 + 273.15)} = 1.1033 \times 10^{-6} \quad (\text{kg/s})$$

$$\dot{Q}_w = 4.1868 \times 1.1033 \times 10^{-6}[0.4404(240.3 - 8) + 0.00005835(240.3^2 - 8^2)]$$

$$= 0.48818 \times 10^{-3} \quad (\text{kJ/s})$$

$$c_{pm}\Big|_{t_1}^{t_2} = \frac{41.84 \times 10^{-3} - 0.48818 \times 10^{-3}}{175.14 \times 10^{-6}(240.3 - 8)} = 1.01655 \quad (\text{kJ} \cdot \text{kg}^{-1} \cdot \text{℃}^{-1})$$

（12）比热随温度的变化关系：

假设在 0~300℃ 之间，空气的真实定压比热与温度之间近似有线性关系；则由 t_1 到 t_2 的平均比热为：

$$c_{pm}\Big|_{t_1}^{t_2} = \frac{\int_{t_1}^{t_2}(a+bt)\,\mathrm{d}t}{t_2-t_1}$$

$$= a + b\frac{t_2+t_1}{2}$$

因此，若以 $\dfrac{t_1+t_2}{2}$ 为横坐标，$c_{pm}\Big|_{t_1}^{t_2}$ 为纵坐标，则可根据不同温度范围内的平均比热确定截距 a 和 b，从而得出比热随温度变化的计算式。

7.2.6 问题思考

（1）比热容是否为状态参数？
（2）气体定压比热容与定容比热容哪个大，为什么？

7.3 可视性饱和蒸汽 *p-t* 的关系

7.3.1 实验目的

（1）通过观察饱和蒸汽压力和温度变化的关系，加深对饱和状态的理解，从而建立液体温度达到对应于液面的压力的饱和温度时，沸腾便会发生的基本概念。
（2）通过对实验数据的整理，掌握饱和蒸汽 p-t 关系图表的绘制方法。
（3）观察小容积的泡态沸腾现象。

7.3.2 实验装置

实验装置主要由加热密封容器、电接点压力表（-0.1 ~ 1.5MPa）、电子温度数显仪、电子调压器（0 ~ 220V）、电压表、透明玻璃窗等组成，面板如图 7.3.1 所示。采用电接点压力表的目的，在于能限制压力的意外升高，起到安全保护作用。

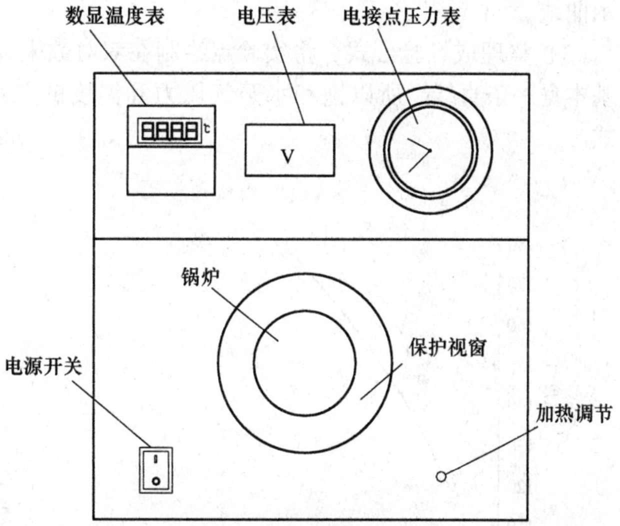

图 7.3.1 实验装置面板

7.3.3 注意事项

（1）调节过程一定要缓慢，待稳定后再读数。
（2）测压点尽可能均匀。

7.3.4 实验内容与步骤

（1）熟悉实验装置的工作原理，性能和使用方法。

（2）将调压旋钮左旋到起始点，然后接通电源。

（3）将电接点压力表的上限压力指针拨到稍高于实验压力（例如：0.2MPa）的位置可作为第一设定压力值。

（4）首先将调压旋钮缓慢右旋，调整输出电压在40V左右，使温度逐渐上升，半小时后，再逐步将输出电压调至200~220V，待蒸汽压力升至接近于第一设定压力值时，将电压降至20~50V左右（参考值）。由于热惯性，压力将会继续上升，待压力达到设定值时，再适当调整（提高或降低），使工况稳定（压力和温度基本保持不变）。此时，立即记下蒸汽的压力和温度。重复上述实验，在0~0.8MPa（表压）范围内，取不少于6个压力值，顺序分别进行测试。实验点应尽可能分布均匀。

（5）实验完毕后，将电压旋回零位，并断开电源。

（6）记录实验环境的温度和大气压力。

7.3.5 实验作业

（1）将实验数据与计算结果记录在表7.3.1中。

表7.3.1   实验数据与计算结果

实验数据	饱和压力/MPa			饱和温度/℃		误差		备注
	压力表读值 p'	大气压力 B	绝对压力 $p=B+p'$	温度计读值 t'	标准值 t	$\Delta t/℃$ （$\Delta t=t-t'$）	$\dfrac{\Delta t}{t}\times100\%$	

（2）绘制 $p\text{-}t$ 关系曲线。将实验结果点在坐标中，去除特殊偏离点，绘制如图7.3.2所示曲线。

（3）整理成经验公式，将实验点绘制在双对数坐标中（如图7.3.3所示），实验曲线将基本呈一条直线，所以饱和水蒸气压力和温度的关系可以近似整理成图7.3.3中经验公式。

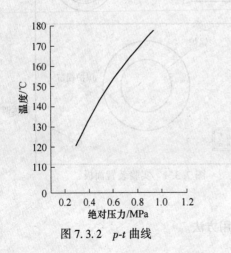

图7.3.2 $p\text{-}t$ 曲线

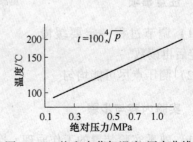

图7.3.3   饱和水蒸气温度-压力曲线

7.4 空气绝热指数的测定

7.4.1 实验目的

（1）用绝热膨胀法测定空气的定压比热容与定容比热容之比。

（2）观测热力学过程中空气状态变化及基本规律。

（3）学习用传感器精确测量气体压强和温度的原理与方法。

7.4.2 实验原理

设 p_0 为实验环境的大气压强，T_0 为室温，如图 7.4.1 所示，若打开活塞 C_1，关闭活塞 C_2，用充气球将空气缓缓压入容器中，此时容器内气体压强增大，温度稍有升高，待气体温度自然冷却后下降至 T_0，且压强稳定时，其压强为 p_1，体积为 V_1。关闭活塞 C_1，然后，突然将活塞 C_2 打开，气体迅速喷出，待容器内空气恢复到环境压强 p_0 时，将活塞 C_2 急速关闭，这时原容器内空气体积变为 V_2（包括放出的一部分气体），温度降为 T_1，容器内空气压强变化极快，以至于空气与容器壁之间来不及传递热量，此过程可看作绝热过程，因而满足

$$p_1 V_1^r = p_0 V_2^r \tag{7.4.1}$$

式中，r 为气体绝热指数。

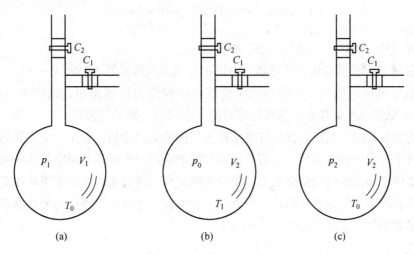

图 7.4.1 实验原理图

（a）充气后；（b）放气后；（c）平衡后

活塞关闭后，容器内空气温度回升，当回升到放气前初态温度 T_0 时，其压强为 p_2，因此，放气前至放气后气体温度回升到室温这一过程可视为等温过程，由理想气体状态方程得：

$$p_1 V_1 = p_2 V_2 \tag{7.4.2}$$

由式（7.4.1）、式（7.4.2）解得：

$$r = \frac{\lg p_1 - \lg p_0}{\lg p_1 - \lg p_2}$$ (7.4.3)

7.4.3　实验装置

实验装置简图如图 7.4.2 所示。

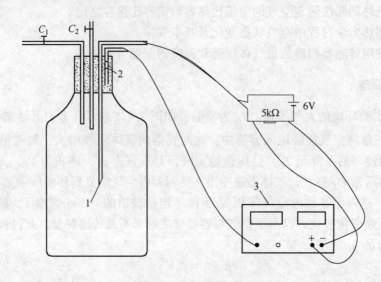

图 7.4.2　实验装置简图
1—AD590；2—压力传感器；3—数字式显示器

（1）储气瓶：玻璃瓶、进气活塞、橡皮塞。

（2）传感器：扩散硅压力传感器、电流型集成温度传感器 AD590 各一只。

（3）数字电压表两只：三位半数字电压表作硅压力传感器的二次仪表（测空气压强），四位半数字电压表作集成温度传感器的二次仪表（测空气温度）。

空气的定压比热容与定容比热容之比称为气体的绝热指数，它是一个重要的热力学常数。在热力学方程中经常用到。本实验用新型扩散硅压力传感器测量空气的压强，用电流型集成温度传感器测空气的温度变化，测量准确度高，通过实验学生能明显地观察热力学现象，并掌握测量空气绝热指数的一种方法，在实验中还可以了解压力传感器和电流型集成温度传感器的使用方法及特性。

7.4.4　注意事项

（1）实验内容（3）打开活塞 C_2 放气时，当听到放气声结束应迅速关闭活塞，提早或推迟关闭活塞 C_2，都将影响实验要求，引入误差。由于数字电压表尚有滞后显示，如用计算机实时测量，发现此放气时间约零点几秒，并与放气声产生消失很一致，所以关闭活塞，用听声更可靠些。

（2）实验要求环境温度基本不变，如发生环境温度不断下降情况，可在远离实验仪器处适当加温，以保证实验正常进行。

7.4.5 实验内容与步骤

（1）按图 7.4.2 接好仪器的电路，集成温度传感器的正负极请勿接错，用气压计测定大气压强 p_0，用水银温度计测环境室温 T_0，开启电源，把电子仪器部分预热 20min，然后用调零电位器调节零点，把用于测量空气压强的三位半数字电压表指示值调到 0，（活塞 C_2 已开启）。

（2）把活塞 C_2 关闭，活塞 C_1 打开，用大气球把空气稳定地缓缓注入储气瓶内，然后关闭活塞 C_1，用压力传感器和 AD590 温度传感器测量空气的压强和温度，记录瓶内压强均匀稳定时，压强 p_1 和温度值（室温为 T_0）。

（3）突然打开活塞 C_2，当储气瓶内空气压强降低至环境大气压强 p_0 时，（这时放气声消失），迅速关闭活塞 C_2。

（4）当储气瓶内空气的温度上升至室温 T_0 时，记下储气瓶内气体压强 p_2。

（5）把测得的瓶内压强值 p_1、p_2 和 p_0 换算成统一单位 kPa 或 Pa，并代入式（7.4.3）求得空气的绝热指数 r，重复四次求 r 平均值。

7.4.6 思考题

（1）漏气对实验结果有何影响？

（2）实验中，充气压力选得过大或过小，对实验结果有何影响？

（3）空气的湿度对实验结果有何影响？

（4）在定容加热过程中，如何确定容器内的气体温度回到了初温？

（5）实验中，转动排气阀的速度较慢，将对实验结果产生何种影响？

7.5 喷管中气体流动特性的测定

7.5.1 实验目的

（1）验证和加深理解喷管中气体流动的基本理论。

（2）观察气流在喷管中各截面的流速、流量、压力变化规律及掌握有关测试方法。

（3）熟悉不同形式喷管的机理，加深对流动的临界状态基本概念的理解。

7.5.2 实验原理

7.5.2.1 喷管中气体流动的基本规律

气体在喷管中做一元稳定等熵流动，压力降低，流速增加。气流速度 C，密度 ρ 及压力 p 的变化与截面 A 的变化及马赫数 Ma（速度与音速之比）的大小有关。它们的变化规律见表 7.5.1。

（1）在亚音速（$Ma<1$）等熵流动中，气体在 $\dfrac{\mathrm{d}A}{\mathrm{d}x} < 0$ 的管道（渐缩管）里，速度 C 增加，而密度 ρ、压力 p 降低；在 $\dfrac{\mathrm{d}A}{\mathrm{d}x} > 0$ 的管道（渐扩管）里，速度 C 减小，而密度 ρ、压力 p 增大。

表 7.5.1　喷管中气体流动的基本规律

渐缩管 → ✕ $\dfrac{dA}{dx}<0$				渐扩管 → ✕ $\dfrac{dA}{dx}>0$			
Ma	$\dfrac{dC}{dx}$	$\dfrac{d\rho}{dx}$	$\dfrac{dp}{dx}$	Ma	$\dfrac{dC}{dx}$	$\dfrac{d\rho}{dx}$	$\dfrac{dp}{dx}$
<1	>0	<0	<0	<1	<0	>0	>0
>1	<0	>0	>0	>1	>0	<0	<0

（2）在超音速（$Ma>1$）等熵流动中，气体在渐缩管中，速度 C 减小，而压力 p、密度 ρ 增大；在渐扩管中，速度 C 增加，压力 p、密度 ρ 降低。

（3）在 $Ma=1$，即达到临界流动状态，此时，压力为临界压力，气流速度为音速。

7.5.2.2　喷管中流量的计算

（1）理论流量。根据气体一元稳定等熵流动中，任何截面上质量流量都相等，且不随时间变化。根据连续方程、动量方程、能量方程、绝热气体方程及等熵过程方程，得到气体在喷管中流量的计算式：

$$q_m = \frac{A_2 C_2}{V_2} = A_2 \sqrt{\frac{2\gamma_0}{\gamma_0 - 1} \cdot \frac{p_1}{V_1}\left[\left(\frac{p_2}{p_1}\right)^{\frac{2}{\gamma_0}} - \left(\frac{p_2}{p_1}\right)^{\frac{\gamma_0+1}{\gamma_0}}\right]} \quad (\text{kg/s})$$

式中，γ_0 为绝热指数；C_2 为出口速度，m/s；A_2 为出口截面积，m^2；V_2 为出口比体积，m^3/kg；p_2 为出口压力，MPa；p_1 为进口压力，MPa；V_1 为进口比体积，m^3/kg。

若 $p_1=p_2$，则 $q_m=0$；若 $p_2=0$，则 $q_m=0$。即在 $0<p_2 \leqslant p_c$ 渐缩喷管的出口压力 p_2 或缩放喷管的喉部压力 p_{th} 降至临界压力时，喷管中的流量达最大值，计算式如下：

$$q_{m,\,max} = A_{min} \sqrt{\frac{2\gamma_0}{\gamma_0 + 1}\left(\frac{2}{\gamma_0 + 1}\right)^{\frac{2}{k-1}} \cdot \frac{p_1}{V_1}}$$

临界压力 p_c 为：$p_c = \left(\dfrac{2}{\gamma_0 + 1}\right)^{\frac{\gamma_0}{\gamma_0+1}} \cdot p_1$，将 $\gamma_0 = 1.4$ 代入，得 $p_c = 0.528 p_1$。

（2）实测流量。由于气流与管内壁间的摩擦产生的边界层，减少了流动截面，因为实际流量是小于理论流量，本实验台采用孔板流量计来测量喷管的流量。孔板流量计上所示的压差 Δp（U 形管上读出）与质量流量 q_m 的关系式为：

$$q_m = 1.373 \times 10^{-4} \sqrt{\Delta p} \cdot \varepsilon \cdot \beta \cdot \gamma \quad (\text{kg/s})$$

式中，ε 为流量膨胀系数，$\varepsilon = 1 - 1.373 \times 10^{-4} \cdot \dfrac{\Delta p}{p_a}$；$\beta$ 为气态修正系数，$\beta =$

$0.0538 \sqrt{\dfrac{p_a}{t_a + 273.15}}$；$\gamma$ 为几何修正系数（标定值）；Δp 为 U 形管压差计读数（mmH_2O）；p_a 为大气压；t_a 为室温，℃。

为了消除进口压力 p_1 改变的影响，在绘制各种曲线时采用压力比作为坐标，绘制出压力曲线 (p_x/p_1)-x 和流量曲线 q_m-(p_b/p_1)。

由于实验台采用的是真空表测压、因此临界压力 p_c 在真空表上的读数 p_c' 为：

$$p_c' = p_a - p_c = p_a - 0.528p_1$$

由于孔板流量计的压降和空气在喷管进口的气流滞止现象，喷管进口压力为：

$$p_1 = p_a - 0.97\Delta p$$

Δp 以汞柱为单位时的孔板流量计压差为：

$$\Delta p = \frac{\Delta H_{H_2O}}{13.59}(\text{mmHg})$$

$1\text{mmHg} = 133\text{Pa}$。

7.5.3 实验装置

实验装置总图如图 7.5.1 所示。主要由真空泵和喷管实验台主体组成。

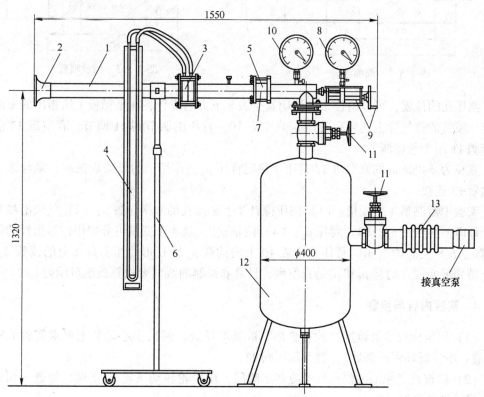

图 7.5.1 实验台总图

1—吸气管；2—进气口；3—孔板流量计；4—U 形管压差计；5—喷管；
6—三轮支架；7—探针；8—可移动真空表；9—摇动手轮螺杆机构；10—真空表；
11—调节阀；12—真空罐；13—软管

各部件作用及测量过程如下：

由于真空泵的抽吸，空气由进气口 2 进入吸气管 1（$\phi57\times3.5$ 的无缝钢管）中，经过孔板流量计 3（$\phi7$）进入喷管。流量的大小可由 U 形管压差计 4 上读出。喷管 5 用有机玻璃制成。备有渐缩喷管与缩放喷管两种形式，如图 7.5.2、图 7.5.3 所示。可根据实验要求，松开夹持法兰上的螺丝向左推开三轮支架 6，更换所需的喷管。喷管各截面上的压力，可从可移动的真空表 8 上读出，真空表 8 与内径为 $\phi0.8$ 的测压探针 7 相连。探针的顶端封死，在其中段开有径向测压小孔。通过摇动手轮螺杆机构 9，可使探针 7 沿喷管轴线左右移动，从而改变测压孔的位置，进行喷管中不同截面上压力的测量。

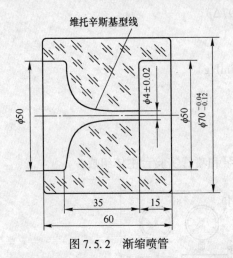

图 7.5.2　渐缩喷管

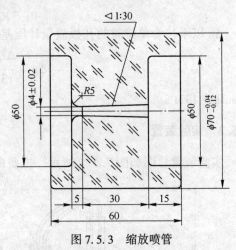

图 7.5.3　缩放喷管

测压孔的位置，可以由位于可移动真空表 8 下方的指针，在坐标板上所指出的 x 值来确定。喷管的排气管上还装有背压 p_b 真空表 10。背压由调节阀 11 调节。真空罐 12 前的调节阀 11 用于急速调节。

直径为 $\phi400mm$ 的真空罐 12 是用于稳定背压 p_b 的作用。为了减少振动，泵与罐之间用软管 13 连接。

实验中需测量 4 个变量：（1）测压探针 7 上测压孔的水平位置 x；（2）气流沿喷管轴线 x 截面上的压力 p_x；（3）背压 p_b；（4）流量 q_m。这 4 个变量可分别用位移指针的位置 x，真空表 8 上的读数 p_5。背压真空表 10 上的读数 p_b 及 U 形管压差计 4 上的读数 Δp 测得。特别需要注意的是 p_5 和 p_6 是真空度，计算和绘制曲线时要换算成绝对压力。

7.5.4　实验内容与步骤

（1）用坐标校准器调准"位移坐标"的基准位置。然后小心地装上要求实验的喷管（注意：不要碰坏测压探针）。打开调压阀 11。

（2）检查真空泵的油位，打开冷却水阀门，用手轮转动飞轮 1~2 圈，检查一切正常后，启动真空泵。

（3）全开罐后调节阀 11，用罐前调节阀 $11'$ 调节背压 p_b 至一定值。摇动手轮 9 使测压孔位置 x 自喷管进口缓慢向出移动。每隔 5mm 一停，记下真空表 8 上的读数（真空度）。这样将测得对应于某一背压下的一条 (p_x/p_1)-x 曲线。

（4）再用罐前调节阀 $11'$ 逐次调节背压 p_b，为设定的背压值。在各个背压值下，重复上述摇动手轮 9 的操作过程，而得到一组在不同背压下的压力曲线 (p_x/p_1)-x，如图 7.5.4 和图 7.5.5 所示。

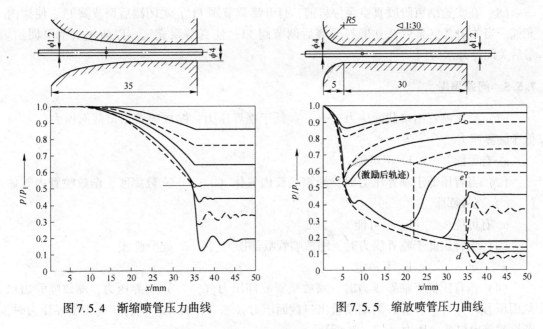

图 7.5.4 渐缩喷管压力曲线　　　　图 7.5.5 缩放喷管压力曲线

（5）摇动手轮 9，使测压孔的位置 x 位于喷管出口外 30~40mm 处。此时真空表 8 上的读数为背压 p_b。

（6）全开罐后调节阀 11，用罐前调节阀 11′调节背压 p_b，使它由全关状态逐渐慢开启。随背压 p_b 降低（真空度升高），流量 q_m 逐渐增大，当背压降至某一定值（渐缩喷管为 p_c，缩放喷管为 p_f）时，流量达到最大值 $q_{m,max}$，以后将不随 p_b 的降低而改变。

（7）用罐前调节阀 11′重复上述过程，调节背压 p_b，每变化 50mmHg 一停，记下真空表 10 上的背压读数和 U 形管压力计 4 上的压差 Δp（mmH$_2$O）读数（低真空时，流量变化大，可取 20mmHg 间隔；高真空时，流量变化小，可取 10mmHg 间隔），将读数换算成压力比 p_b/p_1 和流量 q_m，在坐标纸上绘出流量曲线，如图 7.5.6 和图 7.5.7 所示。

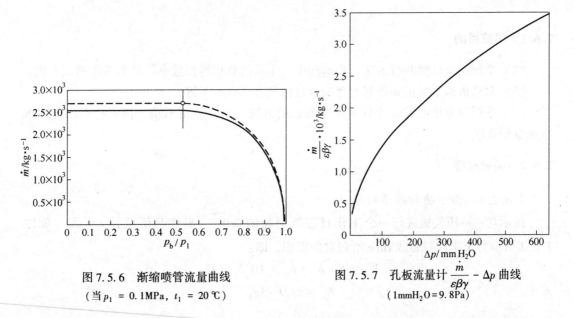

图 7.5.6 渐缩喷管流量曲线
（当 $p_1 = 0.1$MPa，$t_1 = 20$℃）

图 7.5.7 孔板流量计 $\dfrac{\dot m}{\varepsilon\beta\gamma}$ - Δp 曲线
（1mmH$_2$O = 9.8Pa）

（8）在实验结束阶段真空泵停机前，打开罐调节阀 11′，关闭罐后调节阀 11，使罐内充气。当关闭真空泵后，立即打开罐后调节阀 11，使真空泵充气。以防止真空泵回油。最后关闭冷却水阀门。

7.5.5　问题思考

（1）渐缩喷管出口截面压力（　　）低于临界压力；缩放喷管出口截面压力（　　）低于临界压力。

　　a. 有可能　　　　b. 不可能

（2）当背压低于临界压力时，渐缩喷管内气体（　　）充分膨胀，渐放喷管内气体（　　）充分膨胀

　　a. 有可能　　　　b. 不可能

（3）当背压低于临界压力时，缩放喷管喉部压力（　　）充分膨胀。

　　a. 一定　　　　b. 不一定

（4）当背压低于临界压力时，缩放喷管喉部压力（　　）临界压力，缩放喷管出口截面压力（　　）背压，渐缩喷管出口截面压力（　　）背压；当背压高于临界压力时，渐缩喷管出口截面压力（　　）背压。

　　a. 高于　　b. 低于　　c. 等于　　d. 等于或高于

（5）当 $p_b/p_1 > 0.528$ 时，流经渐缩喷管的气体流量随背压降低而（　　），流经缩放喷管的气体流速随背压降低而（　　）；当 $p_b/p_1 < 0.528$ 时，流经渐缩喷管的气体流量随背压降低而（　　），流经渐缩喷管的气体流速随背压降低而（　　）。

（6）当 p_b/p_1 等于多少时，流经渐缩喷管的流量最大？实测值和理论值有何差异？

（7）为什么 $p_b/p_1 < 0.528$ 时，流经渐缩、缩放喷管的气体流量不随背压降低而增加？

7.6　活塞式压气机性能实验

7.6.1　实验目的

（1）掌握用微机检测指示功、指示功率、压缩指数和容积效率等基本操作测试方法。

（2）对微机采集数据和数据处理的全过程和方法有所了解。

（3）掌握用方格纸近似计算示功图面积的方法，并计算指示功、指示功率、压缩指数和容积效率。

7.6.2　实验原理

7.6.2.1　指示功和指示功率

指示功——压气机进行一个工作过程所消耗的功 W_c，显然其值就是 p-V 图（如图7.6.2 所示）上工作过程线 $cdijc$ 所包含的面积，即：

$$W_c = S \cdot K_1 \cdot K_2 \times 10^{-9} \quad (J)$$

式中
$$K_1 = \pi L D^2 / 4g_b$$

$$K_2 = p_2/f_e$$

指示功率： $$P = n \cdot W_c \times 10^{-3}/60 \quad （\text{kW}）$$

式中，S 为从方格之上测定的 p-V 图上工作过程线所包围的面积，mm^2；K_1 为单位长度代表的容积，mm^3/mm；L 为活塞行程，mm；g_b 为活塞行程的线段长度，mm；K_2 为单位长度代表的压力，Pa/mm；p_2 为压气机排气工作时的表压力，Pa；f_e 为表压力在纵坐标上对应的高度，mm；P 为指示功率，即单位时间内压气机所消耗的功；n 为转速，r/min。

7.6.2.2 平均多变压缩指数

压气机的实际压缩过程介于定温压缩与定熵压缩之间。即多变指数 n 的范围为 $1<n<k$，因为多变过程的技术功是过程功的 n 倍，所以 n 等于 p-V 图（如图 7.6.2 所示）上压缩过程线和纵坐标轴围成的面积与压缩过程线和横坐标轴围成的面积之比，即：

$$n = \frac{\text{由 } cdefc \text{ 围成的面积}}{\text{由 } cdabc \text{ 围成的面积}}$$

7.6.2.3 容积效率（η_v）

由容积效率的定义得：$\eta_v = \dfrac{\text{有效吸气容积}}{\text{活塞位移容积}}$

在 p-V 示功图（如图 7.6.2 所示）上，有效吸气过程线段长度与活塞行程线段长度之比等于容积效率，即：$\eta_v = \dfrac{hb}{gb}$。

7.6.3 实验装置

本实验装置主要由压气机和与其配套的电动机以及测试系统所组成，测试系统包括压力传感器，动态应变仪，放大器，A/D 板，微机，绘图仪及打印机，如图 7.6.1 所示。

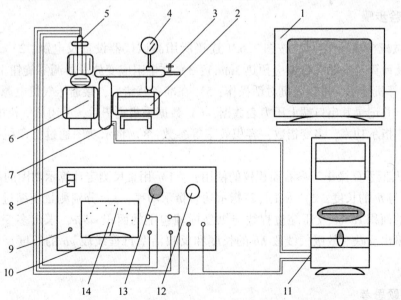

图 7.6.1   计算机数据采集压气机实验装置示意图

1—计算机；2—电机；3—排气阀；4—压力表；5—应变式压力传感器；6—压气机；7—电磁传感器；8—电源指示灯；
9—电源开关；10—电阻应变放大器；11—A/D 板；12—增益旋钮；13—调零旋钮；14—指针式电压表

压气机的型号：Z-0.03/7。

气缸直径：$D = 50mm$；活塞行程：$L = 20mm$；连杆长度：$H = 70mm$；转速：$n = 1400r/min$。

为获得反映压气机性能的示功图，在压气机气缸上安装了一个应变式压力传感器，供实验时输出气缸内的瞬态压力信号，该信号经桥式整流以后送至动态应变仪放大；对应着活塞上止点的位置，在飞轮外侧粘贴着一块磁条，从电磁传感器上取得活塞上止点的脉冲信号，作为控制采集压力的起止信号，以实现压力和曲柄转角信号的同步。这两路信号经放大器分别放大后送入 A/D 板转换为数值量，然后送到计算机，经计算处理便得到了压气机工作过程中的有关数据及封闭的示功图和展开的示功图，如图 7.6.2 和图 7.6.3 所示。

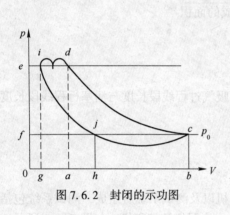

图 7.6.2　封闭的示功图

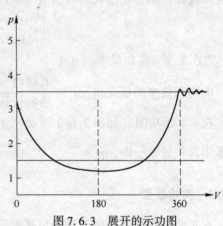

图 7.6.3　展开的示功图

7.6.4　实验步骤

（1）微机检测操作：1）按图 7.6.1 连接所用测试仪器设备及电源；2）开启电阻应变放大器及计算及电源（仪器应预热 3min）；3）在电阻应变放大器调零旋钮上进行调零；4）根据计算机显示，进行人机对话操作；5）在准备就绪后，接通压气机电源，进入测试工作状态，并记录其出口端上压力表数据；6）数据采集完毕后，关闭压气机电源；7）记录指示功，指示功率，多变指数，容积效率等参数；8）将示功图通过打印机打印供人工计算。

（2）人工手算操作（参看面积仪的使用）：1）用直尺测定计算示功图的面积 $cdijc$ 以及线段 gb 与 fe 的长度；2）人工计算指示功、指示功率；3）分别测量压缩过程线与横坐标轴包围的面积 $cdabc$ 及压缩过程线与纵坐标轴包围的面积 $cdefc$，求出多变指数 n；4）用直尺测量出反映有效吸气线段 hb 的长度和反映活塞行程线段 gb 的长度，求出容积效率 η_v。

7.6.5　问题思考

（1）活塞式压气机工作时，其压缩指数变化范围是多少，什么情况下耗功最小？

（2）试由所测示功图分析该压气机工作是否正常。

7.6.6 实验作业

分析压气机增压比的改变对容积效率的影响。

7.7 充放气热力过程综合实验

7.7.1 实验要求

(1) 通过实验加深对气体热力过程的理解，掌握其状态变化规律。
(2) 学生自己设计并完成实验，培养其创新能力。

7.7.2 实验内容

气体热力过程千变万化，定容、定压、定温、定熵过程是四种特殊情况，可用多变过程描述更普遍的变化规律。实验室现有真空泵、压气机、容器罐、阀门、连接管、压力表、温度计等仪器设备。

设计一测定气体热力过程变化规律的实验，自己搭建实验台，完成实验并撰写实验报告。

7.8 低品位能量有效利用实验

7.8.1 实验目的

(1) 通过实验加深对热力学第二定律与制冷、制热循环过程的理解。
(2) 掌握提升低品位能量的原理和方法。
(3) 学生自己设计并完成实验，培养其创新能力。

7.8.2 实验内容

热机能使热能转变为机械能，卡诺循环是这一能量转变过程中的理想循环，基本的蒸汽动力循环是朗肯循环。制冷机（热泵）能使热能从温度较低的物体转移到温度较高的物体，逆卡诺循环是这一能量转变过程中的理想循环，基本的蒸汽压缩制冷（制热）循环是逆朗肯循环。高、低温热源的温度差值、气体压缩过程的不可逆损失、换热器传热温差等是影响能量有效利用的主要因素。

实验室有进行低品位能量有效利用的实验台，自己拟定有关进行低品位能量有效利用的实验方案，根据具体情况改建实验台，完成实验并撰写实验报告。

7.9 制冷热泵循环演示实验

7.9.1 实验目的

(1) 通过演示实验，观察制冷工质的蒸发、冷凝过程。

（2）了解蒸气压缩式制冷循环中各种过程工质状态的变化及循环全过程。

7.9.2 实验原理

蒸气压缩式制冷循环装置就是通过消耗机械功来获取并保持低温的。

本演示实验是一个蒸气压缩式制冷循环，其循环 T-s 图及过程方向如图 7.9.1 所示。1—2 是工质在压缩机中的定熵压缩过程，2—3 是工质在冷凝器中的定压释放过程，3—4 是工质经节流阀的节流过程，4—1 是工质经过蒸发器自冷库定压（定温）汽化吸热过程。经过这四个过程，工质再返回压缩机，如此周而复始的循环工作，就达到了不断地把热量自低温物体（冷库）传向高温物体（大气）来保持冷库低温的目的。

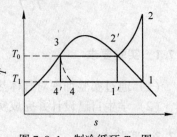

图 7.9.1 制冷循环 T-s 图

7.9.3 实验装置

实验装置示意图如图 7.9.2 所示，由全封闭式压缩机、冷凝器、节流阀、蒸发器、换向阀及管道等组成制冷系统，由玻璃转子流量计及冷凝器、蒸发器内盘管及水箱等组成水系统。设有测温、测压仪表，分别用热电偶来测量蒸发器内盘管的进出口水温 t_1、t_2 及冷凝器内盘管的进出口水温 t_3、t_4。制冷工质采用 R11，其蒸发压力和冷凝压力由两个压力表分别测量。由线路中安装的电压表和电流表的读数可知所耗的机械功。冷凝器及蒸发器内盘管的水流量分别由两个转子流量计测量。利用换向阀 7 还可以进行热泵循环演示实验。

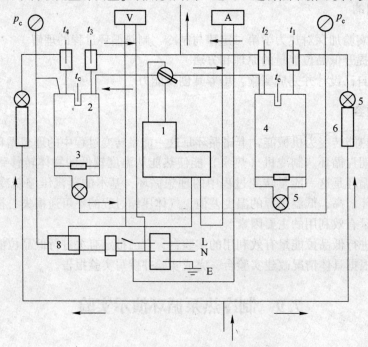

图 7.9.2 制冷循环演示装置示意图

1— 制冷压缩机；2—冷凝器；3—浮子式节流阀；4—蒸发器；5—控制阀；6—转子流量计；

7—换向阀；8—压力继电器控制电路；V—压力表；A—电流表；t—温度计

7.9.4 注意事项

（1）启动压缩机前，必须先打开连接实验装置的供水阀门。

（2）实验完毕，必须先关压缩机，后关供水系统。

7.9.5 实验步骤

（1）打开供水阀门，使水流过冷凝器和蒸发器内的盘管。

（2）开启压缩机，调节水的流量、系统稳定后可进行实验演示及测量。

（3）按 t_1，t_2，t_3，t_4 键，可显示冷凝器和蒸发器内盘管的进出口水温。

（4）由流量计可读取水的流量，通过压力表的指针显示，可知蒸发压力和冷凝压力。

（5）实验完毕，先关闭压缩机，1min 后，再关闭供水系统。

7.9.6 问题思考

（1）通过演示实验，观察到的蒸发、冷凝现象如何？

（2）冷凝器及蒸发器盘管内水温变化如何？

（3）水流量大小对冷凝和蒸发影响如何？

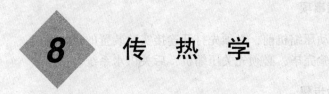

8 传 热 学

8.1 热管换热器实验台

8.1.1 实验目的

(1) 了解热管换热器实验台的工作原理。

(2) 熟悉热管换热器实验台的使用方法。

(3) 掌握热管换热器换热量 Q 和传热系数 K 的测试和计算方法。

8.1.2 实验原理

热段中的电加热器使空气加热,热风经热段风道时,通过翅片热管进行换热和传递,从而使冷段风道的空气温度升高。利用风道中的热电偶对冷段的进、出口温度进行测量,并用热球风速仪对冷段的出口风速进行测量,从而可以计算出换热器的换热量 Q 和传热系数 K。

(1) 冷段出口面积 $F_L = \pi d^2/4$(实测 d 值);

(2) 热段出口面积 $F_R = a \times b$(m²)(实测 a、b 值);

(3) 冷段传热表面积 $f_L = 1.28$(m²);

(4) 热段传热表面积 $f_R = 1.28$(m²)。

8.1.3 实验装置

热管换热器实验台的结构如图 8.1.1 所示。

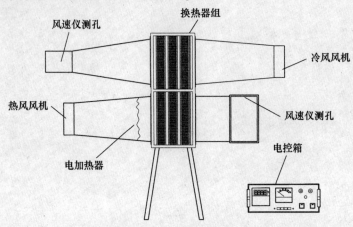

图 8.1.1　热管换热器实验台

实验台由翅片热管（整体轧制）、热段风道、冷段风道、冷段和热段风机、电加热器、0~1kW调温、调温旋钮、热电偶、测温切换琴键开关、热球风速仪（独立仪表）、支架等组成。

8.1.4 实验步骤

（1）将热电偶、电热、加热风机与电控箱连接。

（2）接通电控箱风机开关，并测出此时的风速。

（3）接通电热开关，并将调温旋钮右旋到电压表150V左右。

（4）待工况稳定后（约40min后），按下琴键开关，切换测温点，逐点测量冷、热段进出口温度 T_1、T_2、T_3、T_4。

（5）实验中可改变加热电压，以改变工况进行测试。

（6）实验结束后，首先左旋调温旋钮至电压为零，使风机继续运转5min，再切断电源。

8.1.5 实验作业

计算换热量、传热系数及热平衡误差。

冷段换热量（W）：$Q_L = \rho_L \bar{v}_L \cdot F_L \cdot C_{FL}(t_{L2} - t_{L1})$

热段换热量（W）：$Q_r = \rho_r \bar{v}_r \cdot F_r \cdot C_{Fr}(t_{r1} - t_{r2})$

热平衡误差（%）：$\delta = (Q_r - Q_L)/Q_r$

传热系数：$K = Q_L/(f_L \cdot \Delta t)$

$$\Delta t = \frac{t_{r1} + t_{L2}}{2} - \frac{t_{r2} + t_{L1}}{2}$$

式中，$\bar{v}_L$，$\bar{v}_r$ 分别为冷、热段出口平均风速，m/s；F_L，F_r 分别为冷、热段出口面积，m^2；t_{L1}，t_{L2}，t_{r1}，t_{r2} 分别为冷、热段进出口风温，℃；ρ_L，ρ_r 分别为冷、热段出口空气密度，kg/m^3；f_L 为冷段传热面积，m^2。

将实验中测得的数据填入表8.1.1中。

表8.1.1 实验测量数据

工况	序号	风速/m·s^{-1}		冷热段进出口温度/℃				备注
		冷段 $\bar{v}_L$	热段 $\bar{v}_R$	T_1	T_2	T_3	T_4	
I	1							
	2							
	3							
	平均							
II	1							
	2							
	3							
	平均							

将上面所求得的工况的实验结果填入表8.1.2中，并进行比较分析。

表 8.1.2   实验计算结果

工况	冷段换热量 $Q_L/\text{J} \cdot \text{h}^{-1}$	热段换热量 $Q_R/\text{J} \cdot \text{h}^{-1}$	热段换热量 $\delta/\%$	传热系数 $k/\text{J} \cdot \text{m}^{-2} \cdot \text{h}^{-1} \cdot \text{℃}^{-1}$
I				
II				

8.2   中温法向辐射时物体黑度的测定

8.2.1   实验目的

用比较法，定性的测量中温辐射时物体的黑度 ε。

8.2.2   实验原理

在 n 个物体组成的辐射换热系统中，利用净辐射法，可以求物体 i 的纯换热量 $Q_{\text{net.}i}$。

$$Q_{\text{net.}i} = Q_{\text{abs.}i} - Q_{\text{e.}i} = \alpha_i \sum_{k=1}^{n} \int_{F_k} E_{\text{eff.}k} \Psi_i(\text{d}k) \text{d}F_k - \varepsilon_i E_{\text{b.}i} F_i \qquad (8.2.1)$$

式中，$Q_{\text{net.}i}$ 为 i 面的净辐射换热量；$Q_{\text{abs.}i}$ 为 i 面从其他表面的吸热量；$Q_{\text{e.}i}$ 为 i 面本身的辐射热量；ε_i 为 i 面的黑度；$\psi_i(\text{d}k)$ 为 k 面对 i 面的角系数；$E_{\text{eff.}k}$ 为 k 面有效的辐射力；$E_{\text{b.}i}$ 为 i 面的辐射力；α_i 为 i 面的吸收率；F_i 为 i 面的面积。

根据本实验的设备情况，可以认为：

（1）热源 1、传导圆筒 2 为黑体。

（2）热源 1、传导圆筒 2、待测物体（受体）3，它们表面上的温度均匀，如图 8.2.1 所示。

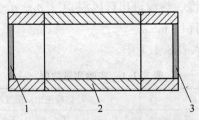

图 8.2.1   辐射换热简图

1—热源；2—传导圆筒；3—待测物体

因此公式（8.2.1）可写成：

$$Q_{\text{net.}3} = \alpha_3(E_{\text{b.}1}F_1\psi_{i.3} + E_{\text{b.}2}F_2\psi_{2.3} + \varepsilon_3 E_{\text{b.}3}F_3)$$

因为 $F_1 = F_3$，$\alpha_3 = \varepsilon_3$，$\psi_{3.2} = \psi_{1.2}$；又根据角系数的互换性 $F_2\psi_{2.3} = F_3\psi_{3.2}$，则：

$$q_3 = Q_{\text{net.}3}/F_3 = \varepsilon_3(E_{\text{b.}1}\psi_{i.3} + E_{\text{b.}2}\psi_{1.2}) - \varepsilon_3 E_{\text{b.}3}$$

$$= \varepsilon_3(E_{\text{b.}1}\psi_{i.3} + E_{\text{b.}2}\psi_{1.2} - E_{\text{b.}3}) \qquad (8.2.2)$$

由于受体 3 与环境主要以自然对流方式换热，因此：

$$q_3 = \alpha(t_3 - t_f) \qquad (8.2.3)$$

式中，α 为换热系数；t_3 为待测物体（受体）温度；t_f 为环境温度。

由式（8.2.2）、式（8.2.3）可得：

$$\varepsilon_3 = \frac{\alpha(t_3 - t_f)}{E_{b1}\psi_{1.3} + E_{b2}\psi_{1.2} - E_{b3}} \tag{8.2.4}$$

当热源 1 和黑体圆筒 2 的表面温度一致时，$E_{b1} = E_{b2}$，并考虑到，体系热源、传导圆筒和待测物体（受体）为封闭系统，则：$(\psi_{1.3} + \psi_{1.2}) = 1$。

由此，式（8.2.4）可写成：

$$\varepsilon_3 = \frac{\alpha(t_3 - t_f)}{E_{b1} - E_{b3}} = \frac{\alpha(t_3 - t_f)}{\sigma(T_1^4 - T_3^4)} \tag{8.2.5}$$

式中，σ 称为斯蒂芬-玻尔兹曼常数，其值为 $5.7 \times 10^{-3} \mathrm{W/m^2 \cdot K^4}$。

对不同待测物体（受体）a，b 的黑度 ε 为：

$$\varepsilon_a = \frac{\alpha_a(T_{3a} - T_f)}{\sigma(T_{1a}^4 - T_{3a}^4)}; \quad \varepsilon_b = \frac{\alpha_b(T_{3b} - T_f)}{\sigma(T_{4b}^4 - T_{3b}^4)}$$

设 $\alpha_a = \alpha_b$，则：

$$\frac{\varepsilon_a}{\varepsilon_b} = \frac{T_{3a} - T_f}{T_{3b} - T_f} \cdot \frac{T_{1b}^4 - T_{3b}^4}{T_{1a}^4 - T_{3a}^4} \tag{8.2.6}$$

当 b 为黑体时，$\varepsilon_b \approx 1$，式（8.2.6）可写成

$$\varepsilon_a = \frac{T_{3a} - T_f}{T_{3b} - T_f} \cdot \frac{T_{4b}^4 - T_{3b}^4}{T_{4a}^4 - T_{3a}^4} \tag{8.2.7}$$

8.2.3 实验装置

实验装置如图 8.2.2 所示

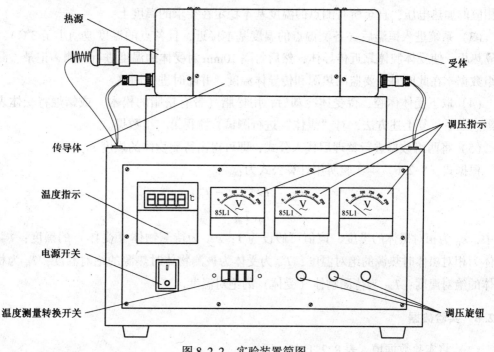

图 8.2.2 实验装置简图

　　热源具有一个测温热电偶，传导腔体有两个热电偶，受体有一个热电偶，它们都可以通过琴键转换开关来切换。

8.2.4　注意事项

　　(1) 热源及传导体的温度不宜过高，切勿超过仪器允许的最高温度 (200℃)。

　　(2) 每次做"待测"状态实验时，建议用汽油或酒精将待测物体的表面擦净，否则，实验结果将有较大出入。

8.2.5　实验步骤

　　本仪器用比较法定性的测定物体的黑度，具体方法是通过对三组加热器电压的调整 (热源一组，传导体二组)，使热源和传导体的测温点恒定在同一温度上，然后分别将"待测" (受体为待测物体，具有原来的表面态度) 和"黑体" (受体仍为待测物体，但表面熏黑) 两种状态的受体在相同的时间接受热辐射，测出受到辐射后的温度，就可按公式计算出待测物体的黑度。

　　为了测试成功，最好在实测前对热源和传导体的恒温控制方法进行 1~2 次探索，掌握规律后再进行正式测试。

　　具体实验步骤如下：

　　(1) 将热源腔体和受体腔体 (先用"待测"状态的受体) 对正靠近传导体并在受体腔体与传导体之间插入石棉板隔热。

　　(2) 接通电源，调整热源、传导左和传导右的调温旋钮，使其相应的加热电压调到合适的数值。加热 30min 左右，对热源和传导体两侧的测温点进行监测，根据温度值，微调相应的加热电压，直至所有测点的温度基本稳定在要求的温度上。

　　(3) 系统进入恒温后 (各测温点的温度基本接近，且各点的温度波动小于 3℃)，去掉隔热板，使受体腔体靠近传导体，然后每隔 10min 对受体的温度进行监测、记录、测得一组数据。在此同时，要监测热源和传导体温度，并随时进行调整。

　　(4) 取下受体体腔，待受体冷却后，用松脂 (带有松脂的松木) 或蜡烛将受体表面熏黑。然后重复上述方法，对"黑体"进行测试，测得第二组数据。

　　(5) 将两组数据进行整理后代入公式，即可得出待测物体的黑度 $\varepsilon_受$。

　　根据式 (8.2.6) 本实验所用计算公式为：

$$\frac{\varepsilon_受}{\varepsilon_0} = \frac{T_受(T_源^4 - T_0^4)}{T_0(T_源'^4 - T_受^4)} \qquad (8.2.8)$$

式中，ε_0 为相对黑体的黑度，该值可假设为 1；$\varepsilon_受$ 为待测物体 (受体) 的黑度；$T_源$ 为受体为相对黑体时热源的绝对温度；$T_源'$ 为受体为被测物体时热源的绝对温度；T_0 为相对黑体的绝对温度；$T_受$ 为待测物体 (受体) 的绝对温度。

8.2.6　实验数据

　　(1) 将实验数据填入表 8.2.1 中。

表 8.2.1　实验数据记录　　　　　　　　　　　　　（℃）

序号	热源	传导			受体（紫铜）
		1	2	3	
1					
2					
3					
平均					

序号	热源	传导			受体（紫铜熏黑）
		1	2	3	
1					
2					
3					
平均					

（2）计算实验结果。由实验数据得：

$$T_0 = \underline{\hspace{3cm}} \text{ K} \qquad T_{受} = \underline{\hspace{3cm}} \text{ K}$$

$$T'_{源} = \underline{\hspace{3cm}} \text{ K} \qquad T_{源} = \underline{\hspace{3cm}} \text{ K}$$

将以上数据代入式（8.2.8）得：

$$\varepsilon_{受} = \underline{\hspace{8cm}}$$

在假设 $\varepsilon_0 = 1$ 时，受体紫铜的黑度 ε 即为____。

注意：根据本实验的实际情况，应采用以下实验方案：

对同一待测物体（受体），在完全相同条件下，进行两次实验。一次是将待测物体（受体）用松脂（带油脂的松木）或蜡烛熏黑，使它变为黑体，对它进行实验。一次是不熏黑的情况下进行实验。最后，根据这两次实验所得的两组数据，算出该待测物体的黑度 ε。这里，是将熏黑的物体看成是黑体。其辐射率 ε_0 视为 1。

8.3　自由对流横管管外放热系数测试

8.3.1　实验目的

（1）了解空气沿管表面自由放热的实验方法。

（2）测定单管的自由运动放热系数 α。

（3）根据对自由运动放热的相似分析，整理出准则方程式。

8.3.2　实验原理

对铜管进行电加热，热量应是以对流和辐射两种方式来散发的，所以对流换热量为总热量与辐射换热量之差，即：

$$Q = Q_e + Q_r \qquad Q_e = \alpha F(t_w - t_f)$$

$$\alpha = \frac{IV}{A(t_w - t_f)} - \frac{C_e \varepsilon}{(t_w - t_f)}\left[\left(\frac{T_w}{100}\right)^4 - \left(\frac{T_f}{100}\right)^4\right]$$

式中，Q_r 为辐射换热量；Q_e 为对流换热量；ε 为试管表面黑度；C_e 为黑体的辐射系数；t_w 为管壁平均温度；t_f 为室内空气温度；α 为自由运动放热系数；I 为电流；V 为电压；A 为换热面积。

根据相似理论，对于自由放热，努谢尔特数 Nu 可表示为葛拉晓夫数 Gr、普朗特数 Pr 的函数，即：$Nu = f(Gr \times Pr)$，又可表示成 $Nu = c(Pr \times Gr)^n$。

其中 c、n 是通过实验所确定的常数。为了确定上述关系式的具体形式，根据所测得数据计算结果，求得准则数：

$$Nu = \frac{\alpha d}{\lambda} \qquad Gr = \frac{g\Delta t \beta d^5}{V^3}$$

Pr、β、λ、V 物性参数由定性温度从教科书中查出。

改变加热量，可求得一组准则数，把几组数据标在对数坐标纸上，得到以 Nu 为纵坐标，以 Gr、Pr 为横坐标的一系列点，画一条直线，使大多数点落在这条直线上或周围，根据：

$\lg Nu = \lg c - n\lg(Gr \times Pr)$ 这条直线的斜率即为 n，截距为 c。

8.3.3 实验装置

由实验管（四种类型），支架、测量仪表电控箱等组成。

实验管上有热电偶嵌入管壁，可反映出管壁的温度，由安装在电控箱上的测温数显表通过转换开关读取温度值。电加热功率则可用数显电压表、电流表测定读取与计算。

8.3.4 注意事项

（1）由于加热功率的限制，一根试件能达到的葛拉晓夫数 Gr 是有限的，为了增大 Gr 范围，取四种管径的试管，在不同的加热功率下测量各自的壁温 t_w、计算 Gr、Pr 及 Nu，处理数据时在同一个坐标上进行。

（2）对试管进行加热时，取一根比单管长度稍短的细管，缠上一层绝缘材料，再缠上电阻丝，电阻丝外面再缠上绝缘材料，两端套隔热板，将之塞入试管即可。

（3）为减少辐射散热的影响，保持试件表面光洁，使试件黑度 $\varepsilon \leqslant 0.25$。

（4）试件和支架的连接处用绝热材料连接。

8.3.5 实验步骤

（1）正确连接好线路，经指导老师检查后接通电源。

（2）扳动控制箱上控制开关，选择任一直径的实验管进行加热，调整好调压器，将管壁温度控制在 200℃ 左右。

（3）稳定 6h 后开始测管壁温度，记下数据。

（4）间隔半小时再记一次，直到两组数据接近为止。

（5）取两组接近的数据取平均值，作为计算数据。

（6）记下半导体温度计（自备）或玻璃温度计（自备）指示的空气温度。

（7）经指导教师同意，将调压器调整回零位，切断电源。

8.3.6 实验作业

（1）已知数据见表 8.3.1

表 8.3.1 已知数据

管径 d/mm	80	60	40	20
管长 L/mm	1800	1600	1400	1200
黑度	$\varepsilon_1 = 0.11$	$\varepsilon_2 = 0.15$	$\varepsilon_3 = 0.15$	$\varepsilon_4 = 0.15$

（2）测试数据：管壁温度 T_1，T_2，……，T_n 室内空气温度 t_f，电流 I，电压 V。

（3）整理数据：根据温度 T，计算加热的热量 $Q = I \times V(\text{W})$。

1）求对流放热系数：

$$\alpha = \frac{IV}{A(t_w - t_f)} - \frac{C_e \varepsilon}{(t_w - t_f)}\left[\left(\frac{T_w}{100}\right)^4 - \left(\frac{T_f}{100}\right)^4\right]$$

2）查出物性参数：定性温度取空气边界层平均数温度 $t_m = 1/2(t_f + t_w)$，在教科书的附录中查得空气的导热系数 λ、热膨胀系数 β、运动黏度 ν、导温系数 a 和普朗特数 Pr。

3）用标准公式计算对流换热系数 α'：

$$\alpha' = 0.53(Pr \times Gr)^{14}$$

求相对误差 $\left|\dfrac{\alpha - \alpha'}{\alpha}\right|$

4）以班组为单位整理准则方程，把求得的有关数据代入准则，可得准则式，把对应的数标在纸上，几组数据可标得一条直线，求出 $Nu = c(Gr \times Pr)$。

8.4 换热器传热系数综合测定实验

换热器性能测试试验，主要针对应用较广的间壁式换热器中的三种换热：套管式换热器、板式换热器和列管式换热器进行其性能的测试。其中，对套管式换热器可以进行顺流和逆流两种流动方式的性能测试，而列管式换热器和板式换热器只能做一种流动方式的性能测试。

换热器性能试验的内容主要为测定换热器的总传热系数，对数传热温差和热平衡误差等，并就不同换热器，不同流动方式，不同工况的传热情况和性能进行比较和分析。

8.4.1 实验目的

（1）熟悉换热器性能的测试方法。

（2）了解套管式换热器，板式换热器和列管式换热器的结构特点及其性能的差别。

（3）加深对顺流和逆流两种流动方式换热器换热能力差别的认识。

8.4.2 实验原理

实验原理图如图 8.4.1 所示。

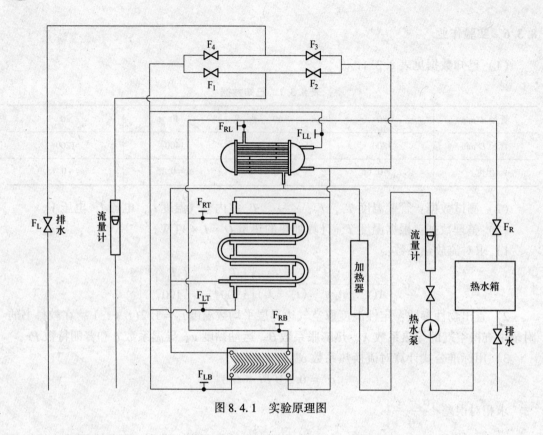

图 8.4.1　实验原理图

8.4.3　实验装置

　　本实验装置采用冷水可用阀门换向进行顺逆流实验；换热形式为热水—冷水换热式。采用温控仪控制和保护加热温度。操作面板如图 8.4.2 所示。

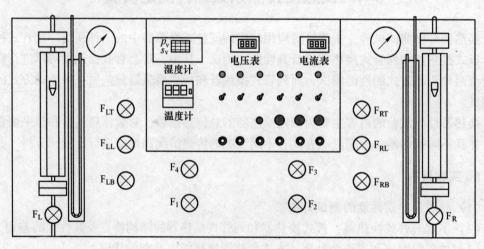

图 8.4.2　操作面板

实验台参数：

（1）换热器换热面积 F：套管式换热器为 $0.40m^2$；板式换热器为 $0.11m^2$；列管式换

热器为 0.84m^2。

（2）电加热器总功率：不超过 9.0kW。

（3）热水泵：允许工作温度不超过 90℃；额定流量为 3m^3/h；扬程为 10m；电机电压为 220V；电机功率小于 200W。

（4）人工采集用转子流量计：型号为 LZB-15；流量为 40~400L/h；允许温度范围为 0~95℃。

（5）温度传感器 Pt100.1。

（6）换热器水阻力采用压力表和 U 形压力计。

（7）显示仪表：巡检仪。

8.4.4 注意事项

（1）热流体在热水箱中加热温度不得超过 80℃。

（2）实验台使用前应加接地线，以保安全。

8.4.5 实验步骤

8.4.5.1 实验前准备

（1）熟悉实验装置及使用仪表的工作原理和性能。

（2）熟悉实验设备的各个阀门作用及其操作。

（3）接好冷水侧的自来水管路。

（4）向热水箱充水，禁止水泵无水运行（热水泵启动，加热才能供电）。

（5）按顺流（或逆流）方式调整冷水换向阀门的开或关。

8.4.5.2 实验操作

（1）接通电源；启动热水泵，并尽可能地调小热水流量到合适的程度。

（2）将加热器开关分别打开（热水泵开关与加热开关已进行联锁，热水泵启动，加热才能供电）。

（3）打开 F_1、F_3，关闭 F_2、F_4，根据所做实验的换热器，选定所对应的阀门打开，关闭其他阀门。做实验使用 F_L 调节冷水流量，用 F_R 调节热水流量。

（4）用巡检仪观测温度（计算机采集时带变送输出）。待冷-热流体的温度基本稳定后，即可测读出相应测温点的温度数值，同时测读流量计冷-热流体的流量读数；把这些测试结果记录实验数据记录表中。

（5）如需要做改变流动方向（顺—逆流）的试验，或需要绘制换热器传热性能曲线而要求改变工况［如改变冷水（热水）的流速（或流量）］进行试验，或需要重复进行试验时，都要重新安排试验，试验方法与上述实验基本相同，并记录下这些试验的测试数据。

（6）实验结束后，首先关闭电加热器开关，5min 后切断全部电源。

8.4.6 问题思考

（1）试比较列管式换热器、套管式换热器、板式换热器的特点及优缺点。

（2）根据测试结果和三种换热器的结构特点、换热方式，分析其影响换热系数的因素。

(3) 根据测试方法和实验结果，分析产生误差的原因。

8.4.7 实验作业

(1) 数据计算。

热流体放热量： $\quad Q_1 = c_{p1} \cdot m_1 (T_1 - T_2) \quad (\text{W})$

冷流体吸热量： $\quad Q_2 = c_{p2} \cdot m_2 (t_1 - t_2) \quad (\text{W})$

平均换热量： $$Q = \frac{Q_1 + Q_2}{2} \quad (\text{W})$$

热平衡误差： $$\Delta = \frac{Q_1 - Q_2}{Q} \times 100\%$$

对数传热温差： $\quad \Delta_1 = (\Delta T_2 - \Delta T_1)/\ln(\Delta T_2 / \Delta T_1) \quad (\text{℃})$

$$\Delta T_1 = T_1 - t_2 \quad (\text{℃})$$

$$\Delta T_2 = T_2 - t_1 \quad (\text{℃})$$

传热系数： $\quad K = Q/F \cdot \Delta_1 \quad (\text{W} \cdot \text{m}^{-2} \cdot \text{℃}^{-1})$

式中， c_{p1} ， c_{p2} 为热，冷流体的定压比热，J/(kg·℃)； m_1 ， m_2 为热、冷流体的质量流量，kg/s； T_1 ， T_2 为热流体的进、出口温度，℃； t_1 ， t_2 为冷流体的进、出口温度，℃； F 为换热器的换热面积，m²。

其中，热、冷流体的质量流量 m_1 、 m_2 是根据修正后的流量计体积流量读数 V_1 、 V_2 再换算成的质量流量值。

(2) 以传热系数为纵坐标，冷水（热水）流速（或流量）为横坐标绘制传热性能曲线，并将每种换热器的实验数据记录在如表 8.4.1 所示的表中。对三种不同形式换热器的性能进行比较。

换热器名称：

表 8.4.1 实验数据记录　　　　　　　环境温度 t_0 :℃

顺/逆流	热　流　体			冷　流　体		
	进口温度 $T_1/℃$	出口温度 $T_2/℃$	流量计读数 $V_1/\text{L} \cdot \text{h}^{-1}$	进口温度 $t_1/℃$	出口温度 $t_2/℃$	流量计读数 $V_2/\text{L} \cdot \text{h}^{-1}$
顺流						
逆流						

8.5 顺逆流传热温差试验

8.5.1 实验目的

（1）熟悉换热器性能的测试方法。

（2）了解套管式换热器的结构特点及其性能。

（3）加深对顺流和逆流两种流动方式换热器换热能力差别的认识。

8.5.2 实验原理

本实验装置采用冷水可用阀门换向进行顺逆流实验，工作原理如图 8.5.1 所示，换热形式为热水—冷水换热式。

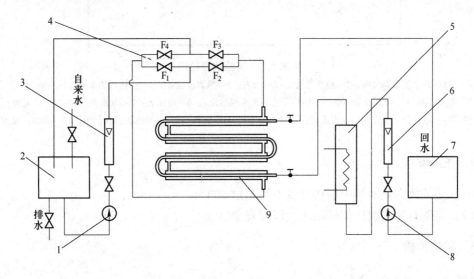

图 8.5.1　顺逆流传热实验原理图

1—冷水泵；2—冷水箱；3—冷水浮子流量计；4—冷水顺逆流换向阀门组；5—电加热水箱；

6—热水浮子流量计；7—回水箱；8—热水泵；9—套管式换热器

8.5.3 实验装置

本实验台的热水加热采用电加热方式，冷、热流体的进出口温度采用巡检仪，采用温控仪控制和保护加热温度。实验装置如图 8.5.2 所示。

实验装置参数：

（1）换热器换热面积 F：套管式换热器为 $0.45m^2$。

（2）电加热器总功率：6.0kW。

（3）冷、热水泵：允许工作温度不超过 80℃；额定流量为 $3m^3/h$；扬程为 12m；电机电压为 220V；电机功率为 370W。

（4）转子流量计型号：型号为 LZB-15；流量为 40～400L/h；允许温度范围为 0～120℃。

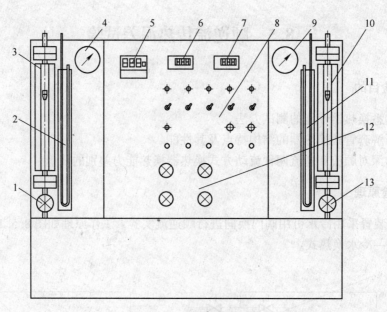

图 8.5.2 实验装置简图

1—热水流量调节阀；2—热水套管出口压力表；3—热水流量计；4—换热器热水进口压力表；
5—数显温度计（计算机采集使用万能信号输入 8 电巡检仪）；6—电压表；7—电流表；8—加热开关组；
9—换热器冷水进口压力表；10—冷水流量计；11—冷水出口压力计；12—逆顺流转换阀门组；13—冷水流量调节阀

8.5.4 注意事项

（1）热流体在热水箱中加热温度不得超过 80℃；

（2）实验台使用前应加接地线，以保安全。

8.5.5 实验步骤

8.5.5.1 实验前准备

（1）熟悉实验装置及使用仪表的工作原理和性能。

（2）打开所要实验的换热器阀门，关闭其他阀门。

（3）按顺流（或逆流）方式调整冷水换向阀门的开或关。顺流：打开 F_1、F_3，关闭 F_2、F_4。逆流：打开 F_2、F_4，关闭 F_1、F_3。

（4）向冷-热水箱充水，禁止水泵无水运行（热水泵启动，加热才能供电）。

8.5.5.2 实验操作

（1）接通电源；启动热水泵（为了提高热水温升速度，可先不启动冷水泵），并尽可能地调小热水流量到合适的程度。

（2）将加热器开关分别打开（热水泵开关与加热开关已进行联锁，热水泵启动，加热才能供电）。

（3）用巡检仪观测温度（计算机采集带变送输出）。待冷-热流体的温度基本稳定后，即可测读出相应测温点的温度数值，同时测读转子流量计冷-热流体的流量读数；把这些测试结果记录实验数据记录表中。

（4）要做改变流动方向（顺—逆流）的试验，或需要绘制换热器传热性能曲线而要求改变工况［如改变冷水（热水）流速（或流量）］进行试验，或需要重复进行试验时，都要重新安排试验，试验方法与上述实验基本相同，并记录下这些试验的测试数据。

（5）实验结束后，首先关闭电加热器开关，5min 后切断全部电源。

8.5.6　问题思考

根据测试方法和实验结果，分析产生误差的原因。

8.5.7　实验作业

（1）数据计算。

热流体放热量：　　　　$Q_1 = c_{p_1} m_1 (t_1' - t_1'')$　（W）

冷流体吸热量：　　　　$Q_2 = c_{p_2} m_2 (t_2'' - t_2')$　（W）

平均换热量：　　　　　$Q = \dfrac{Q_1 + Q_2}{2}$　（W）

热平衡误差：　　　　　$\Delta = \dfrac{Q_1 - Q_2}{Q} \times 100\%$

对数传热温差：　　　　$\Delta t_m = \dfrac{\Delta t' - \Delta t''}{\ln \dfrac{\Delta t'}{\Delta t''}}$　（℃）

$$\Delta t' = t_1' - t_2'\quad （℃）$$

$$\Delta t'' = t_1'' - t_2''\quad （℃）$$

传热系数：　　　　　　$k = \dfrac{Q}{F \Delta t_m}$　（W·m^{-2}·℃$^{-1}$）

式中，c_{p1}，c_{p2} 为热、冷流体的定压比热，J/（kg·℃）；m_1，m_2 为热、冷流体的质量流量，kg/s；t_1'，t_1'' 为热流体的进、出口温度，℃；t_2'，t_2'' 为冷流体的进、出口温度，℃；F 为换热器的换热面积，m^2。

其中，热、冷流体的质量流量 m_1，m_2 是根据修正后的流量计体积流量读数 V_1、V_2 再乘以 $\dfrac{t_1' + t_1''}{2}$、$\dfrac{t_2' + t_2''}{2}$ 对应的密度换算成的质量流量值。

（2）绘制传热性能曲线。以传热系数为纵坐标，冷水（热水）流速（或流量）为横坐标绘制传热性能曲线。

8.6　非稳态（准稳态）法测材料的导热性能实验

8.6.1　实验目的

（1）测量绝热材料（不良导体）的导热系数和比热，掌握其测试原理和方法。

（2）掌握使用热电偶测量温差的方法。

8.6.2　实验原理

本实验是根据第二类边界条件，无限大平板的导热问题来设计的。设平板厚度为 δ，初始温度为 t_0，平板两面受恒定的热流密度 q_c 均匀加热，如图 8.6.1 所示。求任何瞬间沿平板厚度方向的温度分布 $t(x, \tau)$。导热微分方程式、初始条件和第二类边界条件如下：

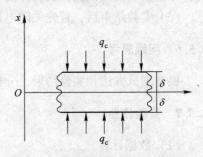

图 8.6.1　第二类边界条件无限大平板
导热的物理模型

$$\frac{\partial t(x, \tau)}{\partial \tau} = a \frac{\partial^2 t(x, \tau)}{\partial x^2}$$

$$t(x, U) = t_0$$

$$\frac{\partial t(\delta, \tau)}{\partial x} + \frac{q_c}{\lambda} = 0$$

$$\frac{\partial t(0, \tau)}{\partial x} = 0$$

方程的解为：

$$t(x, \tau) - t_0 = \frac{q_c}{\lambda}\left[\frac{a\tau}{\delta} - \frac{\delta^2 - 3x^2}{6\delta} + \delta \sum_{n=1}^{\infty}(-1)^{n+1}\frac{2}{\mu_n^2}\cos\left(\mu_n\frac{x}{\delta}\right)\exp(-\mu^2 F_0)\right]$$

$$(8.6.1)$$

式中，τ 为时间，s；λ 为平板的导热系数，W/(m·℃)；a 为平板的导温系数，m²/s；$\mu_n = n\pi$（$n = 1, 2, 3, \cdots\cdots$）；$F_0$ 为 $\frac{at}{2\delta}$（傅里叶准则）；t_0 为初始温度，℃；q_c 为沿 x 方向从端面向平板加热的恒定热流密度，W/m²；

随着时间 τ 的延长，F_0 数变大，式（8.6.1）中级数和项越小。

当 $F_0 > 0.5$ 时，级数和项变得很小，可以忽略，式（8.6.1）变成：

$$t(x, \tau) - t_0 = \frac{q_c\delta}{\lambda}\left(\frac{a\tau}{\delta^2} + \frac{x^2}{2\delta^2} - \frac{1}{6}\right) \qquad (8.6.2)$$

由此可见，当 $F_0 > 0.5$ 后，平板各处温度和时间成线性关系，温度随时间变化的速率是常数，并且到处相同。这种状态称为准稳态。

在准态时，平板中心面 $x = 0$ 处的温度为：

$$t(0, \tau) - t_0 = \frac{q_c\delta}{\lambda}\left(\frac{a\tau}{\delta^2} - \frac{1}{6}\right)$$

平板加热面 $x = \delta$ 处为：

$$t(\delta, \tau) - t_0 = \frac{q_c\delta}{\lambda}\left(\frac{a\tau}{\delta^2} + \frac{1}{3}\right) \qquad (8.6.3)$$

此两面的温差为：

$$\Delta t = t(\delta, \tau) - t(0, \tau) = \frac{1}{2} \cdot \frac{q_c\delta}{\lambda}$$

如已知 q_c 和 δ，再测出 Δt，就可以由式（8.6.3）求出导热系数：

$$\lambda = \frac{q_c\delta}{2\Delta t} \qquad (8.6.4)$$

实际上，无限大平板是无法实现的，实验总是用有限尺寸的试件。一般可认为，试件的横向尺寸为厚度的 6 倍以上时，两侧散热试件中心的温度影响可以忽略不计。试件两端面中心处的温度差就等于无限大平板两端面的温度差。

根据势平衡原理，在准态时，有下列关系：

$$q_c F = CF\rho\delta\frac{\mathrm{d}t}{\mathrm{d}\tau}$$

式中，F 为试件的横截面 0.04，m^2；C 为试件的比热，$J/(kg\cdot℃)$；ρ 为试件的密度，kg/m^3；$\frac{\mathrm{d}t}{\mathrm{d}\tau}$ 为准稳态时的温升速率，$℃/s$。

由上式可得比热：

$$c = \frac{q_c}{\rho\delta\dfrac{\mathrm{d}t}{\mathrm{d}\tau}}$$

实验时，$\frac{\mathrm{d}t}{\mathrm{d}\tau}$ 以试件中心处为准。

8.6.3　实验装置

按上述理论及物理模型设计的实验装置如图 8.6.2 所示，说明如下：

（1）试件。试件尺寸为 200mm×200mm×δ，共四块，尺寸完全相同，δ = 10~16mm（本台试件为 200mm×200mm×10mm）。每块试件上下面要平齐，表面要平整。

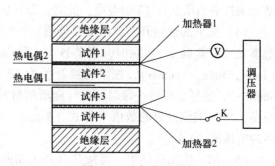

图 8.6.2　实验原理图

（2）加热器。采用高电阻康铜箔平面加热器，康铜箔厚度仅为 20μm，加上保护箔的绝缘薄膜，总共只有 70μm。其电阻值稳定，在 0~100℃ 范围内几乎不变。加热器的面积和试件的端面积相同，也是 200mm×200mm 的正方形。两个加热器的电阻值应尽量相同，相差应在 0.1% 以内。

（3）绝热层。用导热系数比试件小的材料作绝热层，力求减少热量通过，使试件 1、4 与绝热层的接触面接近绝热。这样，可假定式（8.6.4）中的热量 q_c 等于加热器发出热量的 0.5 倍。

（4）热电偶。利用热电偶测量试件 2 两面的温差及试件 2、3 接触面中心处的温升速率，热电偶由 0.1mm 的康铜丝制成。

实验时，将四个试件整齐迭放在一起，分别在试件 1 和 2 及试件 3 和 4 之间放入加热器 1 和 2，试件和加热器要对齐。热电偶的放置如图 2，热电偶测温头要放在试件中心部位。放好绝热层后，适当加以压力，以保持各试件之间接触良好。

实验装置如图 8.6.3 所示。

8.6.4　实验步骤

（1）用卡尺测量试件的尺寸：面积 F（$0.04m^2$）和厚度 δ（10mm）。

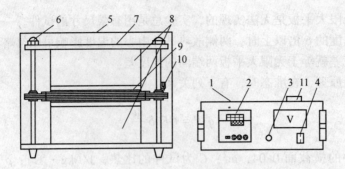

图 8.6.3 实验装置图

1—配电箱；2—测温表；3—转换开关；4—加热开关 K；5—实验本体护罩；6—压紧螺帽；
7—上夹板；8—绝热层；9—试件；10—热电偶和加热器接线端子；11—手动调压器

（2）按图 8.6.2 放好试件、加热器和热电偶，接好电源，接通稳压器，并将稳压器预热 10min（注：此时开关 K 是打开的）。接好热点偶与电源导线。

（3）将测量转换开关凸起测出试件 T1 在加热前的温度，此温度应等于室温。再将转换开关按下测出试件 T2 的温度，此时，即相应的初始温度差不得超过 0.1℃。

（4）按下加热器开关，给加热器通以恒定电流（试验过程中，电流不容许变化。此值事先经实验确定）。同时，启动秒表，每隔一分钟测读一个温度设 T1 为奇数值时刻（1min，3min，5min···），按下转换开关为 T2 温度，设 T2 为偶数值时刻（2min，4min，6min···），这样，经过一段时间后（随所测材料而不同，一般为 10~20min），系统进入准稳态，"2" 端热点势的数值（即式（8.6.4）中的温差 Δt）几乎保持不变。并计下加热器的电压值（V）。

（5）第一次实验结束，将加热器开关切断，取下试件及加热器，用电扇将加热器吹凉，待其和室温平衡后才能继续作下一次实验。但试件不能连续做实验，必须经过 4h 以上放置，使其冷却至与室温平衡后，才能再作下一次实验。

（6）实验全部结束后，必须切断电源，一切恢复原状。

8.6.5　实验数据记录和处理

将实验数据记入表 8.6.1 中。

表 8.6.1　实验数据记录表

时间/min		0	1	2	3	4	5	6	7	8	9	10	11	12	13
热点温度	"1"														
/℃	"2"														

室温 t_0：　　　　（℃）；加热器电压 V：　　　　（V）；

加热器电阻（两个加热电阻的平均值）R：　　　　（Ω）；

试件截面尺寸 F：0.04（m^2）；试件厚度 δ：10（mm）；

试件材料密度 ρ：1200（kg/m^3）；热流密度 q_c：　　　　（W/m^2）。

求出：热流密度 q_c（W/m^2），准稳态时的温差 Δt（平均值）（℃），准稳态时的温升速率$\dfrac{dt}{d\tau}$（℃/h）。然后，即可计算出试件的导热系数 λ（W/m·K）和比热 c（J/kg·℃）。

8.7 强迫对流单管管外放热系数测试

8.7.1 实验目的

（1）了解实验装置，熟悉空气流速及管壁温度的测量方法，掌握测试仪器、仪表的使用方法。

（2）测定空气横掠单管时的表面传热系数，掌握将实验数据整理成准则方程式的方法。

（3）通过对实验数据的综合整理，掌握强迫对流换热实验数据的处理及误差分析方法。

8.7.2 实验原理

根据牛顿冷却公式，壁面平均传热系数为：

$$h = \frac{Q}{F(t_w - t_f)}$$

式中，t_w 为管壁平均温度，℃；t_f 为流体的平均温度，℃；F 为管壁的换热面积，m²；Q 为对流换热量，W。

由相似原理，流体受迫外掠物体时的放热系数与流速物体几何形状及尺寸物性参数间的关系可用准则方程式描述：

$$Nu = f(Re, Pr)$$

研究表明，流体横向冲刷单管表面时，准则关联式可整理成指数形式：

$$Nu_m = CRe_m^n \cdot Pr_m^m$$

下标 m 表示用空气膜平均温度作特征温度，

$$t_m = 0.5(t_w + t_f)$$

又有特征数准则方程：$Nu = \dfrac{hd}{\lambda}$，$Re = \dfrac{ud}{\nu}$，$Pr = \dfrac{\nu}{a}$。

式中，Nu 为努塞尔（Nusselt）准则数；Re 为雷诺（Reynolds）准则数；Pr 为普朗特（Prandtl）准则数；h 为表面传热系数，W/（m²·K）；d 为定性尺寸，取管外径，m；λ 为流体导热系数，W/（m·℃）；a 为流体导温系数，m²/s；ν 为流体运动黏度，m²/s；u 为流体运动速度，m/s。

实验中流体为空气，因而 $Pr=0.7$，准则式可简化成：

$$Nu = CRe^n$$

本实验要测定空气横向掠过单管表面时的表面传热系数 h，通过测定流速、温度及物性参数的值来确定 C，n 的值，便可求得平均换热系数 h。

因此，首先使流速一定，测定电流、电压、管壁温度、空气来流温度值，查出物性参数 λ、ν、a 的值，计算出 u、d 的值得到一组数据后，可计算出一组 Nu，Re 的值，通过改变流速来改变 Re 值，重复测量便可得到一系列数据，在以 Nu、Re 为纵、横坐标的双对数坐标系中描点，并用光滑的曲线连接各测点可得到一直线，直线方程形式如下：

$$\lg Nu = \lg C + n\lg Re$$

$\lg C$ 为截距，n 为斜率，从而可确定 C，n 的值，知道 C，n 的值后，由准则式：

$$Nu = CRe^n, \quad Nu = \frac{hd}{\lambda}$$

可求出表面传热系数 h。

8.7.3 实验装置

实验本体为一立式鼓风式风洞，仪器有：离心风机，直流电源，毕托管，微差压变送器，直流电位差计，试件（表面镀铬），水银温度计及热电偶等。

空气经整流后进入风洞，气流稳定，因而用一个毕托管即可测定平均流速。管壁温度用几对热电偶测量取平均值，空气来流温度用热电偶测量。实验风洞测试系统如图 8.7.1 所示，控制箱操作面板如图 8.7.2 所示。

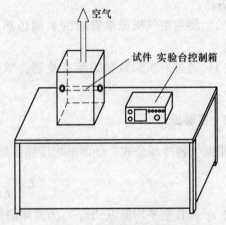

图 8.7.1 实验台总体图

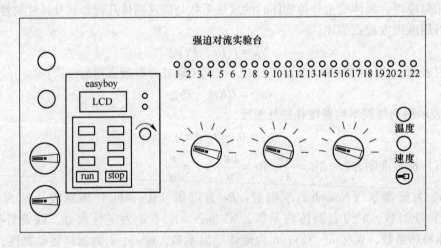

图 8.7.2 控制箱操作面板

8.7.4 实验步骤

（1）连接毕托管与微压变送器，并校验零点值。

（2）连接热电偶与电位差计，检查冰水混合物温度是否为零，将热电偶零端放入冰水混合物中。

（3）连接试件与直流电源，让指导教师检查线路是否正确，而后进行下一步骤。

（4）检查风机电路连接是否正确，启动风机，然后调节风机变频器到所需流速。风机变频器频率的范围在 30~50Hz 之间，在 30~50Hz 之间取 5 个频率来调节空气流速。

（5）合试件电源开关，加热试件。加热试件时，先调节电流旋钮到最大，再调节电压旋钮 10~25V 之间。做实验时当电压旋钮调节到 10V 时，风机变频器的频率应调节到 30Hz，当电压旋钮调节到 25V 时，风机变频器的频率应调节到 50Hz。

（6）改变加热功率，同时相应改变风机风量可测出几组试验数据（加热量可以不变）。

（7）实验完毕后，先切断实验管电源，待冷却后，再切断风机电源，停止试验。

（8）仪器归零，归位。

8.7.5 实验作业

（1）计算流速。根据不可压缩流体的伯努利方程：

$$p + \frac{\rho u^2}{2} = p_0$$

得：

$$u = \sqrt{\frac{2(p_0 - p)}{\rho}}$$

式中，p_0 为流体总压，Pa；p 为流体静压，Pa；ρ 为流体密度，kg/m^3；u 为流体流速，m/s。

（2）确定壁面平均放热系数。电加热所产生的总热量 Q 为：

$$Q = I \cdot U$$

由牛顿冷却公式有：

$$h = \frac{Q}{F(t_\text{w} - t_\text{f})}$$

（3）确定出准则方程式并作图。将所测数据代入方程式中，求出准则数。在以 Nu 数为纵坐标，Re 数为横坐标的双对数坐标系中，描出各试验点，然后用光滑的直线将各点连起来。

因 Nu 和 Re 满足下列关系式：

$$\lg Nu = \lg C + n \lg Re$$

$\lg C$ 为截距，n 为斜率。n 及 $\lg C$ 用最小二乘法计算，则：

$$n = \frac{\left(\sum x_i\right)\left(\sum y_i\right) - N\left(\sum x_i y_i\right)}{\left(\sum x_i\right)^2 - N\sum (x_i)^2}$$

$$\lg C = \frac{\left(\sum x_i y_i\right)\left(\sum x_i\right) - \left(\sum y_i\right)\sum (x_i)^2}{\left(\sum x_i\right)^2 - N\sum (x_i)^2}$$

式中，x_i 为第 i 个测量点的横坐标的对数值；y_i 为第 i 个测量点的纵坐标的对数值；N 为总工况数。

通过计算可得准则方程式 $Nu = CRe^n$ 的具体形式。

参 考 文 献

［1］傅水根，武静. 机械制造实习与实验报告 ［M］. 北京：清华大学出版社，2013.

［2］王淑坤，许颖. 机械设计制造及其自动化专业实验 ［M］. 北京：北京理工大学出版社，2012.

［3］路勇，佟毅，张宇威，等. 电子电路实验及仿真（第 2 版）［M］. 北京：清华大学出版社，2010.

［4］王萍，林孔元. 电工学实验教程 ［M］. 北京：高等教育出版社，2012.

［5］张荻. 热与流体实验教程 ［M］. 西安：西安交通大学出版社，2014.

［6］闻建龙. 流体力学实验 ［M］. 镇江：江苏大学出版社，2010.

［7］朱聘和，王庆九，汪久根. 机械原理与机械设计实验指导 ［M］. 杭州：浙江大学出版社，2013.

［8］重庆大学精密测试实验室. 互换性与技术测量实验指导书 ［M］. 北京：中国计量出版社，2011.

［9］仝永娟. 能源与动力工程实验 ［M］. 北京：冶金工业出版社，2016.

［10］高吉祥. 电子技术基础实验与课程设计 ［M］. 北京：电子工业出版社，2011.

［11］杨斌，李鲤. 工程流体力学实验指导 ［M］. 北京：中国石化出版社，2014.

［12］刘翠容. 工程流体力学实验指导与报告 ［M］. 西安：西安交通大学出版社，2011.

［13］袁艳平. 工程热力学与传热学实验原理与指导 ［M］. 北京：中国建筑工业出版社，2013.

［14］张国磊. 工程热力学实验 ［M］. 哈尔滨：哈尔滨工程大学出版社，2012.